IV號戰車 D～G型 寫真集

德國中型坦克
PANZERKAMPFWAGEN IV
AUSF.D - G

〔Photo／Yuri Pasholok〕

CONTENTS

第 1 章

IV號戰車的開發與生產

整個第二次世界大戰的期間，與德國陸軍戰車部隊持續在前線戰鬥的戰車，當屬IV號戰車。車輛雖然沒有明顯突出的高性能，卻在第二次世界大戰初期和III號戰車同為閃電戰中的功臣。到了戰爭中期之後，IV號戰車的砲管加長至7.5cm並且增加裝甲厚度，以便力抗敵軍新型戰車的戰爭經歷，相較於虎式重型戰車和豹式戰車等知名車型，一點也不遜色。IV號戰車擁有相當長的服役歷史，本書將詳細說明IV號戰車從開發到成為主力戰車的經過。

解說／竹內規矩夫
Description : Kikuo Takeuchi
Photos : Przemyslaw Skulski, Pierre-Olivier Buan, Igor Perepielitsa, Akan98, Hedwig Klawuttke, Uwe Brodrecht, Vitaliy V. Kuzmin, Aleksandr Markin, Yuri Pasholok, Tomasz Szulc, VT1978, Alan Wilson, Simon Q, PD-USGov-FSA, Bundesarchive, NARA
Drawings : Kei Endo, Hedwig Klawuttke

德國真正的主力戰車

從1939年9月的波蘭戰役到1945年5月的柏林戰役，只有IV號戰車參與了歐洲第二次世界大戰整個期間的戰爭。相較於有德軍戰車代表之稱的虎式重型戰車和豹式戰車，IV號戰車雖然未能躋身於戰場的最強戰車，但是身為第二次世界大戰的工作馬（軍馬），總是支援著德國戰車部隊，或許可稱得上實質的主力戰車。

德國主力戰車的開發

德國（當時為威瑪共和國）在第一次世界大戰戰敗後，軍備發展受到1919年簽訂的凡爾賽條約限制，然而德國陸軍在1925年卻已開始秘密計畫開發戰車，並且於1927年假冒為民間使用車輛，以代號「大型拖拉機」向克魯伯鋼鐵公司、萊茵金屬公司、戴姆勒賓士等3家公司提出製造委託。到了1929年3家公司分別完成2輛試作車，並且於7月起於蘇聯喀山近郊的秘密測試場開始測試。當時的德國和蘇聯因為1922年拉巴洛條約的秘密協定，而有軍事協助的關係，戰車測試場地的提供等為其中的一部份。德軍在測試過程中一邊修改懸吊系統和齒輪箱等部分，一邊不斷測試至1933年，進而獲得了後續開發新型戰車的基礎資料。

「大型拖拉機」為多砲塔戰車，全長約7m、寬約2.8m、重量約16噸，全方位旋轉砲塔除了搭載7.5cm的戰車砲之外，後方還搭載一座機槍塔。引擎為飛機使用的BMW汽油引擎，最大速度為40～44km/h。

時間來到1930年代，德國陸軍海因茨・威廉・古德林（最後階級：一級上將）將利用戰車的最新戰術和與之配合的「裝甲師」構想相互結合，針對運用於這項戰術的戰車審視檢討，提出了一個基本概念。內容包括搭載3.7cm戰車砲等中口徑砲管、機動性佳的15噸中型戰車「Z.W.」（意指：排長指揮車），以及搭載7.5cm戰車砲等大口徑砲管的18噸戰車「B.W.」（意指：營長指揮車）。爾後這個概念實際成型，Z.W.就成了III號戰車，B.W.就成了IV號戰車。

1933年德國陸軍兵器局第6課有感於「大型拖拉機」的優異表現，決定繼續委託萊茵金屬公司製造2輛下一世代的中型戰車「中型拖拉機」，並且很快地將這款車命名為「NbFz戰車」（意指：「新型結構

▲這是展示在美國阿伯丁戰車博物館戶外的G型（F2型）戰車。IV號戰車雖然是為了支援III號戰車而開發，卻因為具有可搭載7.5cm長砲管的基礎結構，而一路發展成主力戰車。

▲這是1930年代試作的「大型拖拉機」。在蘇聯的秘密測試場測試，獲取了之後有助開發德國戰車的各項資料。

▲這是1940年入侵挪威時抵達奧斯陸港的NbFz戰車。巨型主砲塔的前後都有機槍塔的裝備，是當時流行的一種多砲塔戰車。

▲德國蒙斯特戰車博物館展示的Ⅳ號戰車A型的砲塔，上面搭載了沿用至F型的短砲管7.5cm Kw.K. L／24。而從外置砲盾等特色可知，實際上這是D型戰車的砲塔。

▲這是1943年冬天在東部戰線執行作戰的Ⅳ號戰車G型（F2型）。主砲改為長砲管的7.5cm Kw.K.40 L／43，大幅提升了攻擊能力。

車」）。於隔年1934年製成的NbFz戰車，不但承襲了齒輪箱、引擎等許多「大型拖拉機」的機械裝置，整體輪廓也極為相近，但為了更進一步提升戰鬥力，將7.5cm的主砲和3.7cm的副砲收至一個砲塔，並且在前後2處增加機槍塔，更將裝甲的最大厚度增加為20mm。不過重量增加至23噸，使最大速度下降為30km/h。一號車為7.5cm主砲和3.7cm副砲縱向配置的砲塔，而1935年克魯伯公司製造的二號車砲塔，則搭載了橫向配置的7.5cm主砲和3.7cm副砲。1936年德軍又追加3輛試作車的委託製造，由萊茵金屬公司製造車體，克魯伯公司製造砲塔，增加了3、4、5號車。這些車型雖然都有參與裝甲師的演習等訓練，然而在第二次世界大戰爆發時，編列至第40特種戰車營武裝的車輛為3、4、5號車，並且投入挪威的戰場。

從B.W.成為Ⅳ號戰車

德軍在回顧檢討了NbFz戰車的實際狀況後，針對支援戰車B.W.的需求規格提出許多改變，例如：將飛機使用的引擎改為戰車專用引擎、驅動輪從後方位置改安裝在前方位置等。1934年基於這些規格修改，重新啟動「B.W.」（「支援戰車」）的開發。德軍以克魯伯公司和萊茵金屬公司競爭製造試作車的形式，分別委託兩家公司製造出2輛試作車，並且在1936年到1937年期間不斷測試。

兩家公司的車輛都是7.5cm主砲塔加前方配置機槍塔的多砲塔設計，引擎和Ⅲ號戰車相同，同樣搭載邁巴赫公司製造的戰車專用引擎HL 100 TR（300馬力）。兩家車輛最主要的差異在於懸吊系統，克魯伯公司使用板片彈簧，而萊茵金屬公司則因循NbFz戰車的裝置，使用螺旋彈簧。經過測試之後，德軍決定使用克魯伯的車體，砲塔則只留下7.5cm的主砲，並且以不同的懸吊系統製成2款車輛，分別是使用板片彈簧

且單邊為8個小型路輪的「B.W.Ⅰ」，以及使用扭力桿且單邊為6個大型路輪的「B.W.Ⅱ」。

經過再次測試，德軍最後決定使用的規格為古魯伯公司的B.W.Ⅰ，並且在1936年12月和古魯柏格魯森工廠簽訂合約，製造35輛包括車體和砲塔的「第一款支援戰車」（1.Serie/B.W.），生產出Ⅳ號戰車A型。

Ⅳ號戰車的發展

1937年11月到1938年6月生產的Ⅳ號戰車A型，實際上是追加訂購的試作車，1938年5月到1938年10月製造了42輛的B型戰車，才是符合裝甲師概念具有機動性的車輛，不但將引擎加強至HL 120 TR（265馬力），還將最大速度提升至42km/h，精進各項細節並且提高了實用性。C型戰車則是武器局第6課的克尼普坎

▲這是英軍的瑪蒂達Mk.Ⅱ步兵戰車，主砲為40mm戰車砲，最大速度約為24km/h，不過相當堅固，最大裝甲厚度為78mm，是Ⅳ號戰車在北非戰線的強敵。

▲這是美軍的M3中型戰車，車體砲台搭載了75mm戰車砲，砲塔搭載了37mm戰車砲，具有重武裝、高可靠性，但是車體高度較高，75mm戰車砲的射擊範圍較窄也是其缺點。

普博士，預定在戰車車殼標準化的計畫中，依據III號戰車的基礎統一戰車車體，但是卻導致C型戰車的生產延誤，因此沿用B型的車體持續生產。C型戰車從1938年10月至1939年8月共生產了140輛，其中有6輛轉為架橋車使用。

從D型戰車開始才正式進入戰車的量產，從1939年10月到1940年10月製造了248輛，其中有16輛的車體轉為架橋車使用。D型戰車著重於防護力的提升，將30mm厚的前面裝甲經過表面硬化的處理，加強防彈性，而砲塔主砲砲盾安裝的是35mm厚的外置砲盾。D型戰車雖然來不及參與德軍第二次世界大戰的首戰波蘭戰役，然而在1940年5月的法國戰役卻有大量的D型戰車參與其中，成了有助閃電戰勝利的一大戰力。接下來的E型戰車從1940年10月到1941年4月生產了206輛。車體前面改為50mm厚，戰鬥室前面和側面分別安裝了30mm厚和20mm厚的附加裝甲板，大大提升了防護力。

為了進一步增加IV號戰車的產量，從F型戰車開始，除了克魯伯的格魯森工廠之外，還新加入了沃瑪格公司和尼伯龍根工廠。為了提升F型的防護力和機動性，車體、戰鬥室和砲塔的前面裝甲板改為50mm厚的表面硬化裝甲板，底盤履帶也改為全寬40cm的規格。經過一番改良，F型戰車和D型、E型戰車都有參與1941年6月的巴巴羅薩

▲這是蘇聯軍的KV-1重型戰車，雖然機動力稍嫌不足，但是76.2mm的戰車砲威力十足，而且具有最大厚度90mm的重型裝甲，對當時的德軍戰車來說，堅不可破。

▲這是蘇聯軍的T-34中型戰車，從1941年約莫秋天之際，持續投入戰場中，充分發揮了斜面優勢的傾斜裝甲和優秀的機動性，而且生產數量總是高於德軍戰車。

行動，但是在開戰之初就遭到蘇聯軍隊KV-1重型戰車和T-34中型戰車的輾壓，德軍因而在1941年4月到1942年2月收到471輛戰車之際，將剩餘的訂單量全數轉換為F2型（G型）的戰車製造。

匆忙開發的「F2型戰車」轉為加強火力的車型，將主砲改為長砲管7.5cm Kw.K.40L／43的規格，並且於1942年3月開始生產。1942年7月德軍將F2型戰車統一稱為「G型」戰車，並且依舊交由克魯伯公司、沃瑪格公司和尼伯龍根工廠這3家廠商負責生產，直到1943年6月總共生產了1927輛。生產過程中仍不斷從各方面更改設計，例如安裝30mm厚的附加裝甲板、主砲維持長砲管的同時，改成威力和生產率皆進一步提升的7.5cm Kw.K.40 L／48規格，不斷地提升戰鬥力。

結果，成功加強火力的IV號戰車G型，取代了戰鬥力相形失色的III號戰車，成為新一代的主力戰車。直到1942年約莫夏天之時，IV號戰車的月生產數量不超過III號戰車的30～40%左右，但是隨著IV號戰車在秋天逐漸增產，從1943年1月後，生產數量發生逆轉，IV號戰車成了名符其實的主力戰車。

但是IV號戰車初始的車體重量極限設定為25噸，G型等後期生產的戰車都持續接近這個臨界點。因此德軍在製造下一款H型戰車時，重新設計車體並且採用傾斜裝甲，同時計畫等下一款主力戰車豹式戰車正式上戰場時，才停止生產IV號戰車，IV號戰車因為各種事由延長了的服役壽命。

▲III號戰車截至1942年都是主力戰車，然而即便L型戰車已搭載了5cm Kw.K. 39 L／60戰車砲，反戰車的攻擊力道依舊薄弱，因而將主力戰車的寶座拱手讓給了IV號戰車。

第2章

IV號戰車 A型

Pz.Kpfw.IV Ausf.A (Vs.Kfz.622)

最初量產的A型戰車屬於追加的試作車,因此只少量生產了35輛即結束。雖然整體結構已經確立了IV號戰車的基本型態,但是有許多細節是A型戰車才有的特色。

解說╱竹內規矩夫
圖面╱遠藤慧
Description : Kikuo Takeuchi
Photos : Przemyslaw Skulski, Bundesarchive
Drawings : Kei Endo

【IV號戰車 A型 性能規格】

車長:5.920m
車寬:2.830m
車高:2.680m
最小離地高度:0.400m
重量:18 噸
士兵:5 名(車長、砲手、裝填手、無線電通訊員、駕駛員)
武裝:7.5cm Kw.K. L/24
　　　彈藥 122 發
　　　7.92mm MG 34 機槍 2 挺(同軸、球形底座)
引擎:邁巴赫 HL 108 TR
　　　V 型 12 汽缸水冷汽油引擎
最大輸出功率:230 馬力
變速器:ZF S.S.G.75
　　　5 個前進檔、1 個倒退檔
最大速度:32.4km/h(公路)
平均速度:公路 20km/h、越野 10km/h
燃料儲存容量:470L
續航力:公路 210km、越野 130km
車體裝甲厚度:8～14.5mm
戰鬥室裝甲厚度:8～14.5mm
砲門裝甲厚度:8～16mm

▲1938年2月在古魯柏格魯森工廠拍攝的A型戰車(車體編號為80113,第13輛生產的戰車)。車體和砲塔的形狀、底盤等都已確立了IV號戰車的基本外觀。

A型戰車的特色

IV號戰車A型(Pz.Kpfw.IV Ausf.A、Vs.Kfz.622)為「第一款支援戰車」(1./BW),於1936年12月委託古魯柏格魯森工廠製造35輛。工廠於1937年11月30日起陸續交貨給陸軍,直到1938年6月35輛全數交貨。而最後5輛因為原物料短缺,而沿用了B型戰車的車體下方部分(前面裝甲為30mm厚)才完成交貨。

A型戰車為第一款規格化的車輛,但實際上是追加的試作車,基本結構幾乎和試作車B.W.I相同。不過除了剎車、散熱器等部分零件之外,幾乎所有零件都是全新設計。砲塔和車體同樣都是由古魯柏格魯森工廠負責製造,搭載了7.5cm Kw.K. L/24戰車砲和同軸機槍,主砲原本預定的彈藥攜帶量為140發,但生產過程中減少為122發。

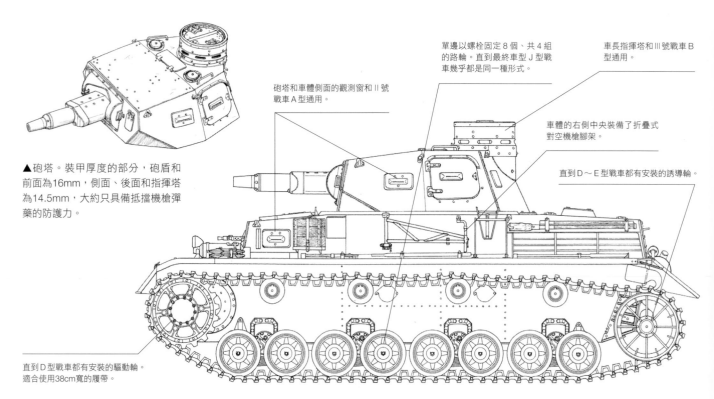

▲砲塔。裝甲厚度的部分,砲盾和前面為16mm,側面、後面和指揮塔為14.5mm,大約只具備抵擋機槍彈藥的防護力。

砲塔和車體側面的觀測窗和II戰車A型通用。

單邊以螺栓固定8個、共4組的路輪。直到最終車型J型戰車幾乎都是同一種形式。

車長指揮塔和III號戰車B型通用。

車體的右側中央裝備了折疊式對空機槍腳架。

直到D～E型戰車都有安裝的誘導輪。

直到D型戰車都有安裝的驅動輪。
適合使用38cm寬的履帶。

用於發電並且以輔助引擎驅動的電動馬達，以及手動的砲塔旋轉等部分，都和後來的車型相同，然而裝甲厚度相當薄，最大厚度僅16mm，大概只能抵擋7.92mm的穿甲彈。車長指揮塔和III號戰車B型通用，側面的觀測窗和II號戰車A型通用。底盤部分，以2個路輪結合板狀彈簧的懸吊組件構成，共計有8組，其前後分別配置了驅動輪和誘導輪，並且安裝了全寬38cm的Kgs 6110/380/120履帶（單邊99片）。

在A型戰車成為部隊裝備後，根據之後的車型改裝添加了防空燈和煙霧發射器，並且焊接了30mm厚的附加裝甲板。

▲這是在古魯柏格魯森工廠的A型戰車（和前一頁相同的車輛），為砲塔從車體正面轉向左後方的樣子。從照片中可看出，車長指揮塔、前後2片式的駕駛員艙門等，與同期生產的III號戰車B型相同。

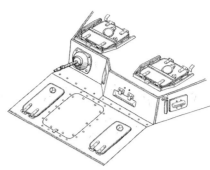

▲車體前面。裝甲厚度部分，前面為14.5mm、側面為14.5mm、上面為10～11mm。車體上面有3處艙門，左右為剎車檢修艙門，中央為轉向裝置的檢修艙門，這些都和車體上面的裝甲板在同一個平面。戰鬥室上面左右分別有駕駛員艙門和無線電通訊員／機槍手的艙門，皆為前後2片式打開的設計。

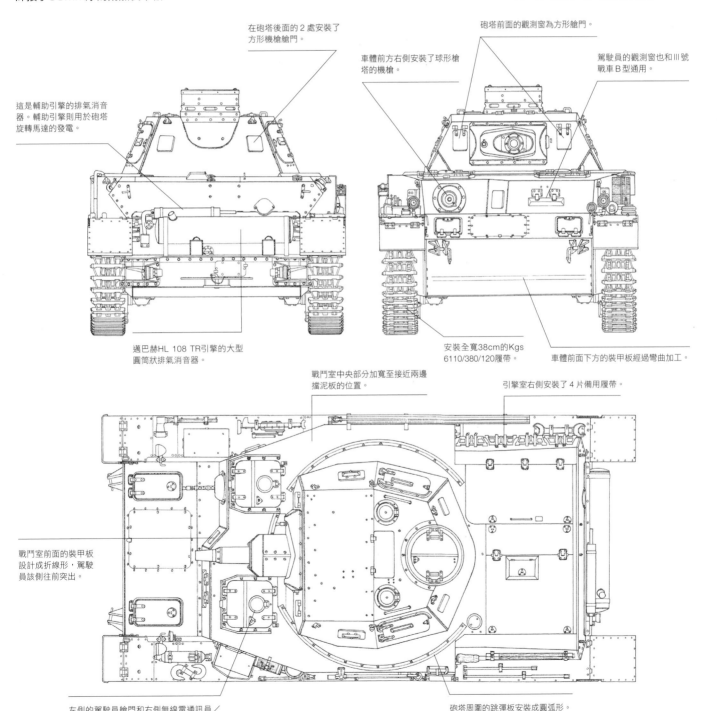

這是輔助引擎的排氣消音器。輔助引擎則用於砲塔旋轉馬達的發電。

在砲塔後面的2處安裝了方形機槍艙門。

車體前方右側安裝了球形槍塔的機槍。

砲塔前面的觀測窗為方形艙門。

駕駛員的觀測窗也和III號戰車B型通用。

邁巴赫HL 108 TR引擎的大型圓筒狀排氣消音器。

安裝全寬38cm的Kgs 6110/380/120履帶。

車體前面下方的裝甲板經過彎曲加工。

戰鬥室中央部分加寬至接近兩邊擋泥板的位置。

引擎室右側安裝了4片備用履帶。

戰鬥室前面的裝甲板設計成折線形，駕駛員該側往前突出。

左側的駕駛員艙門和右側無線電通訊員／機槍手的艙門，為前後2片分開的設計。

砲塔周圍的跳彈板安裝成圓弧形。

第 3 章

IV號戰車 B型／C型

Pz.Kpfw.IV Ausf.B, Ausf.C (Vs.Kfz.622)

接續 A 型登場的 B 型戰車,將前面裝甲厚度增加至30mm,並且重新檢討了車體和砲塔的構造,從各方面提升實用性。而後續的 C 型戰車計畫依照 III 號戰車變更車體各部分的設計,但是卻延誤生產,因此成了 B 型戰車的微調改良版。

解說／竹內規矩夫
圖面／遠藤慧
Description : Kikuo Takeuchi
Photos : Przemyslaw Skulski, Bundesarchive
Drawings : Kei Endo

【 IV號戰車 B型／C型 性能規格 】

車長:5.920m
車寬:2.830m
車高:2.680m
最小離地高度:0.400m
重量:18.5 噸
士兵:5 名(車長、砲手、裝填手、無線電通訊員、駕駛員)
武裝:7.5cm Kw.K. L/24
　　　彈藥 80 發
　　　7.92mm MG 34 機槍 1 挺(同軸)
引擎:邁巴赫 HL 120 TR(B型)
　　　邁巴赫 HL 120 TRM(C型)
　　　V 型 12 汽缸水冷汽油引擎
最大輸出功率:265 馬力
變速器:ZF S.S.G.76
　　　前進 6 段、後退 1 段
最大速度:42km/h(公路)
平均速度:公路 25km/h、越野 20km/h
燃料儲存容量:470L
續航力:公路 210km、越野 130km
車體裝甲厚度:8~30mm
戰鬥室裝甲厚度:8~30mm
砲塔裝甲厚度:8~30mm

▲1939年9月在波蘭沃姆扎近郊維修中的 B 型戰車。德軍打開引擎室上面的艙門正在維修引擎。車體前面和砲塔側面畫有這個時期才有的白色十字國籍標誌。

B型戰車的特色

IV號戰車B型(Pz.Kpfw.IV Ausf.B、Vs.Kfz.622)為「第二款支援戰車」(2./BW),於1938年5月到1938年10月交由古魯柏格魯森工廠生產42輛。其中最初的5輛和最後的30輛由於原物料短缺,分別沿用了 A 型和 C 型的車體,因此只有7輛是以 B 型原本設計的車體完成。

B 型戰車的基本構造和 A 型戰車相同,但是為了提高實用性,重新設計細部結構,從外觀也可看出許多差異處。其最大的特色在於,前面的裝甲厚度增加至20~30mm厚,藉此可以抵擋20mm機關砲的穿甲彈。另外,引擎也改裝為邁巴赫 HL 120 TR(265 馬力),變速箱改裝為 SSG 76變速箱(6個前進檔、1個倒退檔),最大速度加速至42km/h。而其他部分也

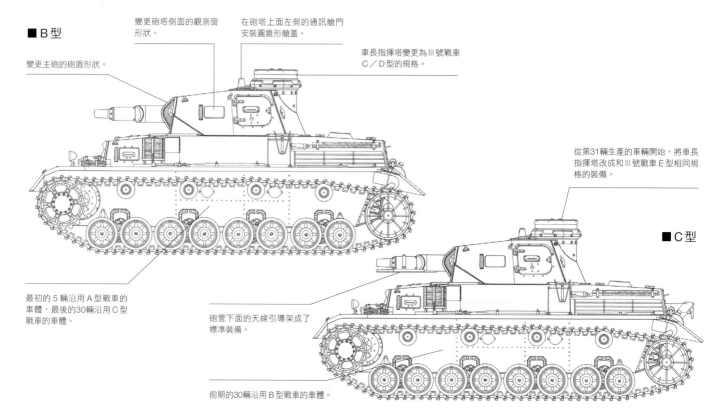

■B型

變更主砲的砲盾形狀。

變更砲塔側面的觀測窗形狀。

在砲塔上面左側的通訊艙門安裝圓錐形艙蓋。

車長指揮塔變更為 III 號戰車 C／D 型的規格。

從第31輛生產的車輛開始,將車長指揮塔改成和 III 號戰車 E 型相同規格的裝備。

■C型

最初的5輛沿用 A 型戰車的車體,最後的30輛沿用 C 型戰車的車體。

砲管下面的天線引導架成了標準裝備。

前期的30輛沿用 B 型戰車的車體。

依照Ⅲ號戰車變更結構，例如：砲塔的車長指揮塔改用Ⅲ號戰車C／D型的裝備，前面的觀測口也是8角形的塊狀裝甲板等。戰鬥室則將前面改為一片平板，廢除了機槍球形槍座。為了減輕重量，縮窄了戰鬥室中央的寬度，主砲的彈藥攜帶量也從122發減少為80發。

B型戰車和C型戰車都是投入波蘭戰役和法國戰役的主要戰力，之後還加裝了煙霧彈發射器和30mm厚的附加裝甲板，持續運用於戰場中。

廢除車體右側的機槍球形槍座，變更為觀測窗和機槍口。

砲塔前面的2處觀測窗，變更為8角形的裝甲護板。

改變主砲的砲盾形狀，提升防護力。

從生產的第58輛戰車開始，焊接在駕駛員觀測窗上方的防雨罩，成了標準裝備。

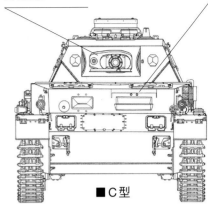

■B型　　■C型

牽引座從以焊接固定，改成另外以螺栓直接固定在車體。

駕駛員的觀測窗依照Ⅲ號戰車，改為滑動式裝甲護板。

戰鬥室前面的裝甲板增厚至30mm，並且改成一片平板。

砲塔後面的2處機槍艙門改為機槍口。艙蓋形狀也從方形改為轉動式圓形艙蓋。

■C型

引擎加強為邁巴赫HL 120 TR（265馬力）。

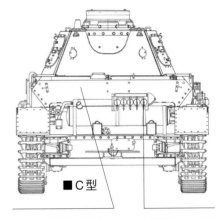

■B型　　■C型

從生產的第40輛戰車開始，改裝為磁力發電點火系統的邁巴赫HL 120 TRM引擎（265馬力）。

大型消音器上方有5管煙霧彈發射器的支架，成了標準裝備。

車體上面左右邊的駕駛員艙門和無線電通訊員艙門，改成一片式門片。艙門位置並未改變。

砲塔周圍的跳彈板改成多角形配置。

車體右側引擎室正前方的戰鬥室上面角落，有方形引擎散熱口的開口。

將引擎室右側的2片備用履帶移至右側擋泥板中央。

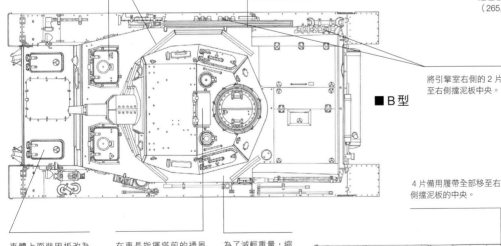

■B型

4片備用履帶全部移至右側擋泥板的中央。

簡化引擎室上面艙門的鎖扣裝置。

車體上面裝甲板改為20mm的厚度，並且將剎車檢修艙門增厚。

在車長指揮塔前的通風艙門加裝跳彈板。

為了減輕重量，縮窄了戰鬥室中央的寬度。

在主砲砲盾的同軸機槍艙門添加保護砲管的裝甲套筒。

■C型

C型戰車的特色

IV號戰車C型（Pz.Kpfw.IV Ausf.C、Vs.Kfz.622）為「第三款支援戰車」（3./BW），於1938年10月到1939年8月交由古魯柏格魯森工廠生產140輛。其中的6輛製成架橋車，而在1940年的夏天有3輛再次改裝成一般戰車。另外，最初的30輛由於製造時原物料短缺，而沿用了B型戰車的車體。

C型戰車是依照B型戰車的規格製造，不過其最大的特色在於，從生產的第40輛戰車開始，將引擎改裝為邁巴赫HL 120 TRM。而且還改變了主砲的砲盾形狀，同時添加了保護同軸機槍槍管的裝甲套筒，提升了防護力。再者，從生產的第31輛戰車開始，車長指揮塔採用和III號戰車E型相同的規格。駕駛員觀測窗上方的防雨罩、

7.5cm砲下面的天線引導架等都成了標準裝備。

C型戰車和B型戰車都是投入波蘭戰役和法國戰役的主要戰力，負責支援III號戰車和38（t）戰車等，使德軍成功在「閃電戰」獲取勝利。

◀從正面觀看C型戰車和5位士兵。戰鬥室前面為一片平板，而非折線形設計。從砲塔上面畫有白色十字標誌推測，此時正值1939年的波蘭戰役。

▶1939年9月參與波蘭戰役的C型「642號」戰車（也可能是B型戰車）。從B型戰車起，車體右側引擎室正前方的戰鬥室上面角落，有方形引擎散熱口的開口。

▲1943年11月裝甲擲彈兵師「大德意志」正以C型戰車訓練乘員。C型戰車除了在車體前面安裝了附加裝甲，左側擋泥板也添加了防空燈等，經過一些變更修改。

▲德軍正在檢修砲塔正面被砲彈擊中的地方，這和左側照片為同一輛戰車。前面的8角形裝甲護板為打開的狀態。砲管下面的天線引導架是從C型戰車開始採用的標準配備，不過也有改裝在之前的戰車。

◀1940年5月在法國戰役時的C型戰車，拆下右側驅動輪和最終減速器外殼，正在維修中。德軍還拆下最前面的路輪懸吊系統組件。

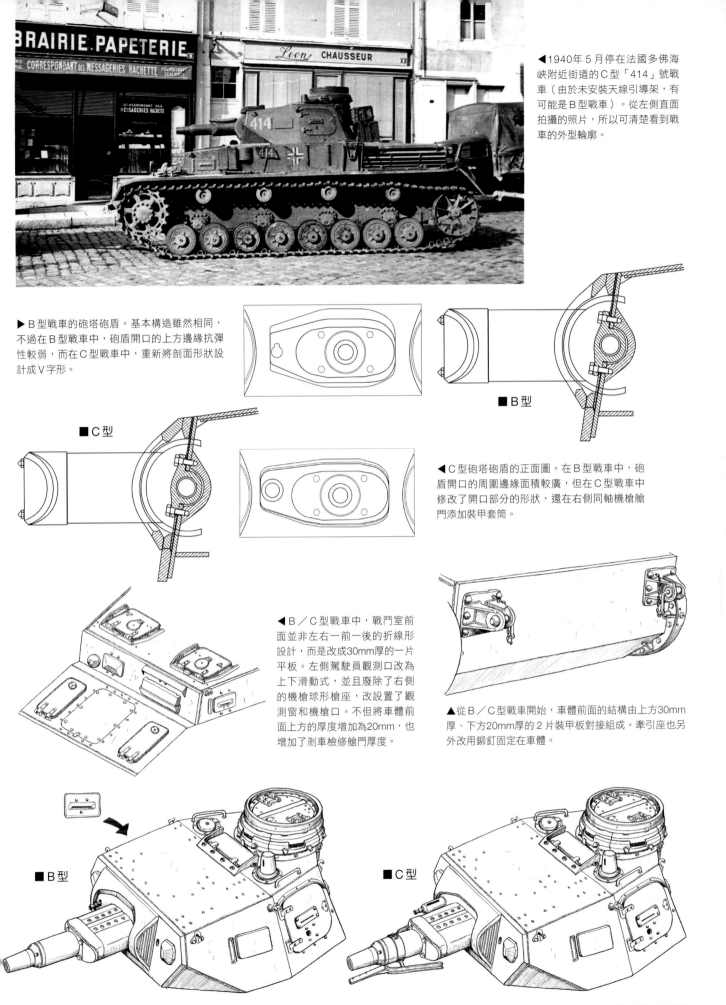

▲1940年5月停在法國多佛海峽附近街道的C型「414」號戰車（由於未安裝天線引導架，有可能是B型戰車）。從左側直面拍攝的照片，所以可清楚看到戰車的外型輪廓。

▶B型戰車的砲塔砲盾。基本構造雖然相同，不過在B型戰車中，砲盾開口的上方邊緣抗彈性較弱，而在C型戰車中，重新將剖面形狀設計成V字形。

■C型

■B型

◀C型砲塔砲盾的正面圖。在B型戰車中，砲盾開口的周圍邊緣面積較廣，但在C型戰車中修改了開口部分的形狀，還在右側同軸機槍艙門添加裝甲套筒。

◀B／C型戰車中，戰鬥室前面並非左右一前一後的折線形設計，而是改成30mm厚的一片平板。左側駕駛員觀測口改為上下滑動式，並且廢除了右側的機槍球形槍座，改設置了觀測窗和機槍口。不但將車體前面上方的厚度增加為20mm，也增加了剎車檢修艙門厚度。

▲從B／C型戰車開始，車體前面的結構由上方30mm厚、下方20mm厚的2片裝甲板對接組成。牽引座也另外改用鉚釘固定在車體。

■B型

■C型

▲B型戰車的砲塔。形狀幾乎和A型戰車相同，但是前面裝甲增為30mm厚，車長指揮塔則和Ⅲ號戰車C／D型通用，並且在車長指揮塔前的通風艙門添加跳彈板，還改變了左右兩側觀測窗的形狀。

▲C型戰車的砲塔。一如前面所述，變更了砲塔砲盾的形狀，還添加了裝甲套筒，以保護同軸機槍的槍管部分。主砲下面的天線引導架成了標準配備，以便在砲塔旋轉時避開車體右側的天線桿。

第4章

IV號戰車 D型
Pz.Kpfw.IV Ausf.D (Sd.Kfz.161)

D型戰車吸取了A型到C型戰車的經驗，成了正式投入量產的車輛。1940年5月的法國戰役為其首戰，並且成功促成德軍在「閃電戰」獲取勝利。之後又經過幾次適時的升級改裝，直到戰爭結束都持續活躍於戰場，足見服役期間相當長。

解說／竹內規矩夫
圖面／遠藤慧
Description : Kikuo Takeuchi
Photos : Przemyslaw Skulski, Graeme Moulineux, Massimo Foti, George Papadimitriou, tormentor4555, Bundesarchive, NARA
Drawings : Kei Endo

【 IV號戰車 D型 性能規格 】
車長：5.920m
車寬：2.840m
車高：2.680m
最小離地高度：0.400m
重量：20 噸
士兵：5 名（車長、砲手、裝填手、無線電通訊員、駕駛員）
武裝：7.5cm Kw.K. L／24
　　　彈藥 80 發
　　　7.92mm MG 34 機槍 2 挺（同軸、球形底座）
引擎：邁巴赫 HL 120 TRM
　　　V 型 12 汽缸水冷汽油引擎
最大輸出功率：265 馬力
變速器：ZF S.S.G. 76
　　　　6 個前進檔、1 個倒退檔
最大速度：42km/h（公路）
平均速度：公路 25km/h、越野 20km/h
燃料儲存容量：470L
續航力：公路 210km、越野 130km
車體裝甲厚度：8～30mm
戰鬥室裝甲厚度：8～30mm
砲塔裝甲厚度：8～30mm

▲在澳洲凱恩斯澳洲裝甲兵和砲兵博物館（AAAM）展示的 D 型戰車。重現了1940年5月法國戰役中的狀態。在此之前，車輛原本存放在英國達克斯帝國戰爭博物館，由英國C&C軍事用品公司負責復原作業。

D型戰車的特色

眾所周知，IV 號戰車 D 型（Pz.Kpfw.IV Ausf.D）是將德國陸軍兵器局編制號碼「Vs.Kfz.622」（試作車輛622），改為「Sd.Kfz.161」（特種車輛161），脫離了A～C型戰車的試作車追加形式，可說是一款正式投入量產的戰車。從1939年10月到1940年10月製造了248輛，生產數量從C型戰車的140輛增加了大約1.7倍。車輛委託古魯柏格魯森工廠製造，德軍初期在1938年7月以「第四款支援戰車」（4./BW）的名稱訂購200輛，接著在1938年12月之前又以「第五款支援戰車」（5./BW）的名稱追加48輛。雖然這些是希特勒要求編制在親衛隊中型戰車中隊的裝備，但是實際上不論哪一款都當成D型戰車生產，而且所有車輛都交貨至國防軍隊

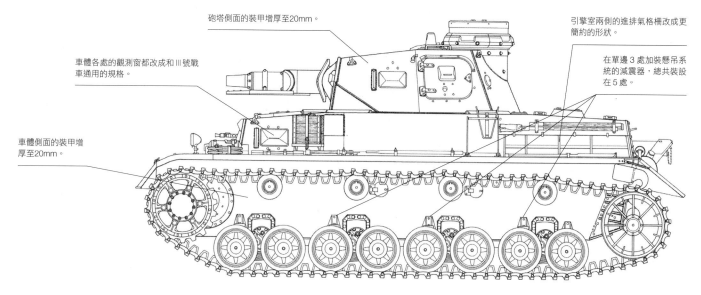

砲塔側面的裝甲增厚至20mm。

引擎室兩側的進排氣格柵改成更簡約的形狀。

車體各處的觀測窗都改成和III號戰車通用的規格。

在單邊3處加裝懸吊系統的減震器，總共裝設在5處。

車體側面的裝甲增厚至20mm。

的戰車部隊，分配給親衛隊使用的則是三號突擊砲。另外，當成戰車完成的數量為232輛，而有16輛供作四號架橋車的車體使用。

為了提升戰車實用性的完整度，D型戰車經過各種改良。首先為了提升防護力，車體和戰鬥室前面的裝甲板厚度雖然一如既往都是30mm，但是利用表面硬化處理，將硬度提高了大約1.6倍，成功達到抵擋2cm穿甲彈攻擊的防護力。而且車體側面、後面和砲塔側面等也從過往的10～14.5mm厚

度，改為20mm厚的裝甲板。砲塔主砲的砲盾從內置改為35mm厚的外置砲盾。

D型戰車為了確保駕駛員右方的視野範圍，恢復了戰鬥室前面裝甲板在B／C型戰車曾廢除的折線形設計。同時也在右側再次搭載了機槍球形槍座，安裝了和III號戰車通用的30型球形機槍座。底盤部分也將履帶改裝新型的Kgs 6111/380/120，懸吊系統的減震器也從單側的前後2處增設為5處。

▲1941年夏天，隸屬第6裝甲師的D型戰車正在巴巴羅薩行動中，往蘇聯領土進攻。戰鬥室左側配置了4個應該為部隊裝備的便攜油桶。

戰鬥室右側恢復了機槍球形槍座的設計。

砲塔主砲的砲盾為35mm厚的外置砲盾裝備。

添加固定牽引纜繩的纜繩鉤和鏈條。

後面裝甲板增厚至20mm。

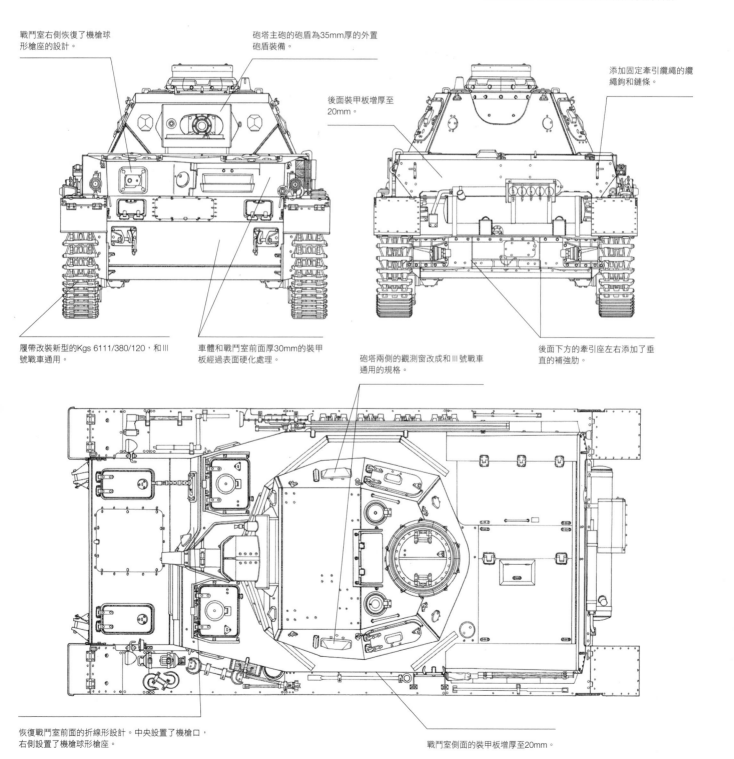

履帶改裝新型的Kgs 6111/380/120，和III號戰車通用。

車體和戰鬥室前面厚30mm的裝甲板經過表面硬化處理。

砲塔兩側的觀測窗改成和III號戰車通用的規格。

後面下方的牽引座左右添加了垂直的補強肋。

恢復戰鬥室前面的折線形設計。中央設置了機槍口，右側設置了機槍球形槍座。

戰鬥室側面的裝甲板增厚至20mm。

▶澳洲裝甲兵和砲兵博物館展示車的全景。這是在德國菲爾塞克的國防軍倉庫遺跡中,和驅逐戰車38(t)追獵者、犀牛式驅逐戰車、M20裝甲戰車一同發現的個人收藏車輛。

▼1941年在莫斯科戰役中渡河時的D型戰車。引擎室側面簡約的格柵構造為D型戰車之後的標準樣式。戰鬥室側面還可看到用白色細線條描繪的鐵十字,以及寫有車輛編號「821」的菱形號碼牌。

▲車體後面。經過細膩的復原作業,從細節規格到塗裝都盡可能還原至1940年當時的狀態。

▲砲塔左前面的部分。可看出原本的裝甲板表面稍微受到腐蝕,不過由此可知復原作業盡量使用原本的零件。

▼在德國蒙斯特戰車博物館當成 A 型戰車展示的砲塔，但是一如第 4 頁敘述的內容，這應該是 D 型戰車的砲塔。這座砲塔屬於前德勒斯登軍事歷史博物館（博物館於德國統一後關閉，於 2011 年改為聯邦德國國防軍事歷史博物館再次開幕。）的收藏品。

▲澳洲裝甲兵和砲兵博物館展示車的砲塔前面，可看出從 D 型戰車開始裝備的外置砲盾，其右側則有焊接添加的同軸機槍裝甲套筒等。右側裝填手觀測窗的 8 角形裝甲護板呈現打開的樣子。

▲蒙斯特戰車博物館展示砲塔的砲管前面，腐蝕程度嚴重，不過可看到砲口內部的膛線溝槽和砲管套筒的前面。這裡的砲管套筒不同於澳洲裝甲兵和砲兵博物館展示的戰車，周圍並沒有固定的螺栓。

▲從右上方觀看砲管的前面部分。砲管套筒前端安裝的環圈是為了固定下面的天線引導架，但是已遺失了天線引導架。

▲從右上方觀看砲管底座的緩衝器裝甲護板。砲盾右側的同軸機槍裝甲套筒上方，有個可打開的橢圓形散熱口。

▼從正面觀看同軸機槍的裝甲套筒。已拆除機槍本體，所以可看到圓形開口的上方有個方形缺口。

▼從右下方觀看砲管部分的樣子。從 D 型戰車開始，Y 字形天線引導架成為標準裝備，不過也有改造在之前的車型。

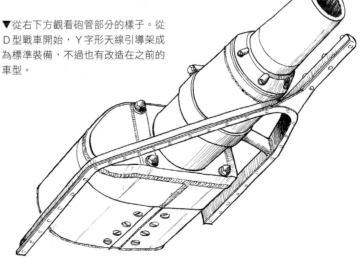

▲從右後方觀看澳洲裝甲兵和砲兵博物館展示的砲塔，可看到許多構造細節，例如：上面的車長指揮塔、側面的裝填手艙門與其前面的觀測窗、後面圓形的機槍口等。

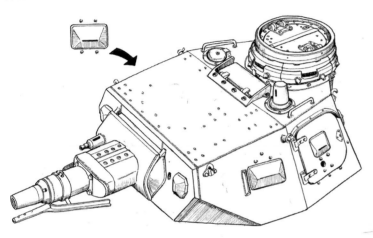

▲D型戰車的砲塔。主砲砲盾新裝了35mm厚的外置砲盾，側面增厚為20mm厚的同時，觀測窗也改用高強度的規格。

▲1942年左右在蘇聯哈爾科夫火車站，由貨車裝載移動中的D型戰車，隸屬於第35戰車隊。觀看細節可知這是潛水戰車的規格，砲塔前面、機槍球形槍座的周圍都有防水罩安裝框。路輪的輪轂全都改為E型戰車之後的鑄造規格。後方的車輛應該是E型戰車。

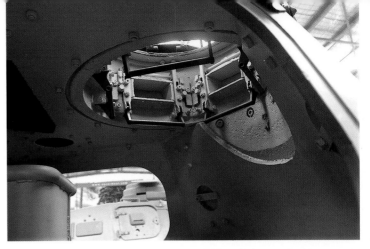

▲從左側的砲手艙門觀看車長指揮塔內部，雖然5處的觀測口都已經沒有防彈玻璃，不過可看到用紅色拉桿開關外側裝甲護板的裝置。

▲蒙斯特戰車博物館展示砲塔的車長指揮塔，觀測窗的裝甲護板都已遺失，所以可清楚看到觀測窗的形狀和開關裝置的操作口。

▲上面右側圓形通訊艙門艙蓋打開的樣子，前面的扶手在裝填手艙門的上面。後面可看到橫向較寬的通風口和左側的通訊艙門，不過都已經沒有艙蓋。

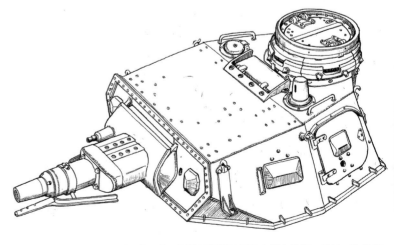

▲D型潛水戰車的砲塔。前面裝甲板的周圍焊接了防水罩安裝框，另外，砲塔周圍也安裝了防水封條。

◀D型戰車的前面。這輛車隸屬於第6裝甲師，是和第13頁同一時期，在1941年夏天拍攝的照片。牽引座安裝了大量充當附加裝甲的備用履帶，這輛戰車的砲管下面並未安裝天線引導架。

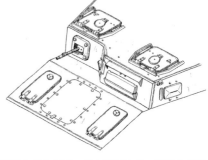

▲車體上部的前面。從D型戰車起，戰鬥室前面又恢復了和A型戰車相同的折線形設計。機槍球形槍座「30型球形機槍座」使用和Ⅲ號戰車E型通用的規格。側面也增厚至20mm，觀測窗也變更設計。

▲車體前面。裝甲厚度及構造和C型戰車相同，不過從D型戰車開始，製造時將保護用的裝甲護板，用螺栓固定在最終減速箱的前面。

◀澳洲裝甲兵和砲兵博物館展示車的車體正面，雖然有未安裝的細部零件，但可清楚看出幾乎復原至原本的狀態。焊接在左右牽引座的帶材為履帶架。

▲戰鬥室右側的機槍球形槍座「30型球形機槍座」，裝甲厚度和前面裝甲一樣都是30mm，使用和安裝於Ⅲ號戰車E型的通用規格。車體前面有一段平坦的部分。

▲戰鬥室左側的駕駛員觀測窗，從上下開闔的裝甲護板縫隙可看到方形觀測窗。其上方有2處開孔，這是雙眼潛望鏡K.F.F.2的觀測孔，用於裝甲護板關閉時。橫條狀的防雨罩是從C型戰車開始採用的裝備。

◀駕駛員艙門的內側。只要轉動左側的把手，就可帶動左右兩邊關閉。中央有個圓形通訊艙門，可看到其內側的鎖扣裝置。

▲澳洲裝甲兵和砲兵博物館展示車的車體前面左側。側面的駕駛員觀測窗有縫隙，內側有安裝防彈玻璃，上方的艙門呈打開的狀態。

▲車體右側前面部分。上面為剎車檢修艙門，右側有上掀式擋泥板的前端，擋泥板前端側面未安裝固定彈簧。

▲車體左側前面部分。牽引座以尖頭鉚釘固定在前面裝甲板，拖車插銷裝有避免遺失的鍵條。

◀從前面下方觀看防空燈，燈光從橫條細縫照射出來，燈罩形狀超出上方和側面以免漏光。

▲擋泥板左側上面安裝了夜間行進的前方探照燈「防空燈」。D型戰車剛開始生產時，就在1940年2月開始將防空燈納入標準裝備。

▶車體左側。砲塔側面等車體各處都有野牛自行火砲，戰鬥室側面則添加了鐵十字和「433」車號的標誌。

▲澳洲裝甲兵和砲兵博物館展示車的戰鬥室左側前方，用皮帶安裝了木製千斤頂底座。其後方焊接的半月形部件為戰鬥室通風口的裝甲護板。

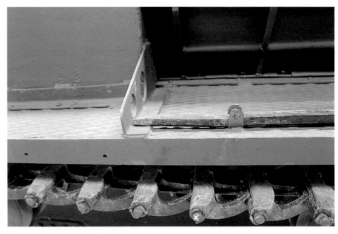

▲焊接在戰鬥室後端和引擎室交界的擋泥板角鐵。擋泥板上方備有車載工具鐵撬。

▲安裝在車體右側擋泥板上的千斤頂，其前面下方可看到斧頭的木柄。

▲車體右側表面、無線通訊／機槍手的觀測窗。觀測窗的前方焊接了垂直立起的跳彈板。

▲從C型戰車開始，備用履帶就移至右側擋泥板的中央。履帶收納在焊接於擋泥板上的基座，並且用碟型螺絲固定。

▲安裝在戰鬥室右側的天線座和天線收納架。天線為可立式，不使用時就將天線桿放入收納架溝槽。

▶安裝在天線收納架下方的鏈子。鏈子前後的收納架安裝在戰鬥室右側，並且當成天線收納架的支撐。

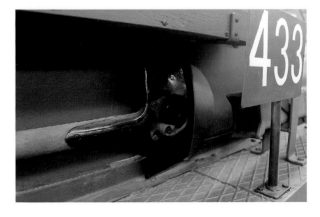

▲車體左側的誘導輪和履帶鬆緊調整裝置。車載工具的扳手嵌在螺栓的突出部分，利用收緊放鬆使誘導輪前後移動。

▲澳洲裝甲兵和砲兵博物館展示車的車體後面，雖然沒有煙霧彈發射器，但已幾乎重現D型戰車的原本設計。

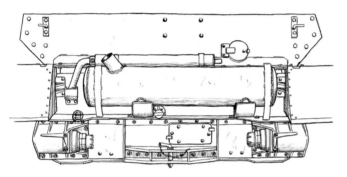

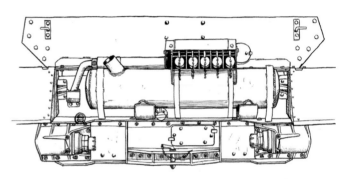

▲D型戰車的車體後面。配合引擎室側面進排氣格柵的構造變更，也改變了後方面板的左右形狀，並且將固定方法從螺絲固定改為螺栓固定。而且還改變了上方右側用於拆除散熱風扇的艙門形狀，以及用於輔助引擎的消音器形狀。在牽引座的左右兩邊添加了垂直的補強肋。

▲引擎消音器上方安裝煙霧彈發射器支架的狀態。煙霧彈發射器本身從C型戰車開始就是標準裝備。

▼右側的誘導輪和調整裝置。左右兩側誘導輪的軸承部分似乎為通用零件。

▲從右側觀看車體後面，變成茶色又較粗的裝置為主要引擎的消音器，其上方內側較細的裝置為發電用輔助引擎的消音器。

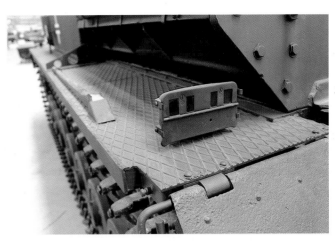

▲澳洲裝甲兵和砲兵博物館展示車的車體後方,位在中央的牽引座。從D型戰車開始,牽引座的左右兩邊都焊接了補強肋。其上方右側的橢圓形艙門為發動引擎的艙蓋,左側艙蓋則是製造後改裝的冷卻水加熱器插入口。

▲左邊擋泥板後端安裝了行車間距燈,為標準的方形規格。

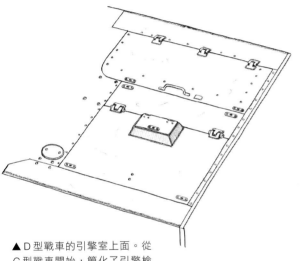

▲D型戰車的引擎室上面。從C型戰車開始,簡化了引擎檢修艙門各處的鎖扣裝置。

▲澳洲裝甲兵和砲兵博物館展示車引擎室的上面左側。這輛戰車安裝的檢修艙門有熱帶地區規格的格柵設計。

▲D型戰車的引擎室左側。進排氣口的構造從D型戰車開始就簡化為上下2等分和左右4等分,內側還裝有木製導風管,這個構造一直沿用到最終型的J型戰車。

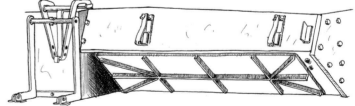

▲D型潛水戰車的引擎室左側。潛水時,以開關式的防水蓋密閉左右的進排氣口。

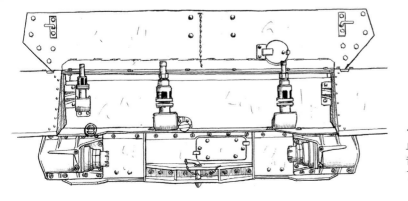

◀D型潛水戰車的車體後面。為了防止水滲入,拆除所有主要和次要的消音器,並且在3處的排氣口分別安裝了止逆閥。

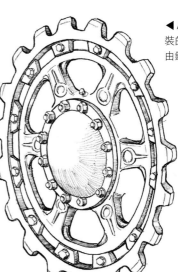

◀A～D型戰車都有安裝的驅動輪，輪子構造由鍛造零件組合而成。

▲車體右側的驅動輪。這輛戰車安裝的是E型戰車的驅動輪。

▲右側第1和第2個路輪的轉向架底座。底座和前方最終減速箱之間的減震器，為C型戰車之前就有的規格裝置。

▲車體右側的底盤。從D型戰車開始，懸吊系統內側也安裝了減震器。

▲右側的第1個上方路輪，附有橡膠輪緣，側面的廠商標記為「CONTINENTAL」，尺寸標記為「250/65-135」，分別代表直徑、寬、輪徑（單位為mm）。

▲右側的誘導輪。以焊接的方式結合了8條細長的輻條和肋材，但是這輛戰車在輪緣內側外圈還添加了補強肋，這是從D型戰車開始會看到的安裝規格。

◀右側第3和第4個路輪的轉向架底座。減震器為D型戰車開始安裝的新裝置。路輪內側夾住中央導齒的部分，安裝了保護橡膠輪緣的板子，可看到它和中央導齒磨擦的痕跡。

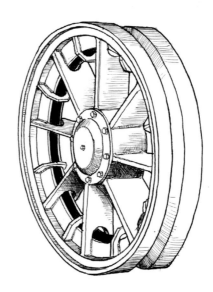

◀誘導輪。從 A 型戰車開始幾乎都沒有變更，但是從 D 型戰車之後，所見的規格如圖所示，都會在輪緣內側周圍補上補強肋。

▲左側的誘導輪，安裝了和右側相同的規格。

▲從前方觀看車體右側下方。覆蓋轉向架下方的凸出設計，只中斷在無線電通訊／機槍手座位下方的逃生口艙門。

▲從前方觀看車體左側下方，可看到每個轉向架安裝的板片彈簧式懸吊系統和履帶之間幾乎沒有間隙。

▲從後方觀看車體下方的左側。車體底面的裝甲厚度直到 C 型戰車都是 8mm，但是從 D 型戰車開始增厚至 10mm。

▲從後方觀看車體下方的右側，在引擎下方幾處設有排水口艙門等維修用的開孔。

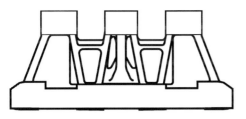

▲從 D 型戰車開始採用新型的 Kgs 6111/380/120 履帶，有些可能有混合使用之前的 Kgs 6110/380/120。

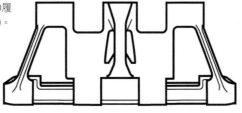

▲Kgs 6111/380/120 履帶的背面。包括履帶插銷在內的全寬為 380mm，本體寬度為 360mm。

▲Kgs 6111/380/120 履帶的側面。中央導齒的高度提高至 80mm。

第5章 IV號戰車 D型Trop.

Pz.Kpfw.IV Ausf.D Trop. (Sd.Kfz.161)

D型戰車Trop.的特色

IV號戰車D型從1939年10月開始生產，生產過程中歷經各種改良。1940年春天在左側擋泥板前方加裝了夜間行進用的防空燈。同年6月將機槍的供彈方式從鼓型彈匣變更為皮帶式彈匣袋。此外，在7月為了進一步加強防護力，開始安裝附加裝甲，也就是在車體和戰鬥室的前面和側面，分別加裝30mm和20mm厚的裝甲板，總共加裝了180輛戰車。1941年3月在砲塔後方裝備了儲物箱。

加上隨著戰事擴大，也持續配合戰線的環境修改設計。在法國戰役之後，為了下一次的戰略目標英國戰役「海獅行動（Unternehmen Seelöwe）」，在1940年7～8月先將48輛的D型戰車改造成登陸作戰用的「潛水戰車」（Tauchpanzer）。另外在E型戰車中也曾發現改裝成潛水戰車的車輛，但是不確定數量。

接著在1941年1月，為了北非戰線，將30輛D型戰車改裝為「Trop.」（Tropen的簡稱，意指「熱帶地區」）的規格。這些

▲美國馬里蘭州阿伯丁試驗場附設的美國陸軍軍械博物館（又名「阿伯丁戰車博物館」），於戶外展示了當時的D型戰車Trop.。從這輛戰車不但可以看到為了適應熱帶區域的改裝設計，也可看到履帶和底盤等1942年之後才有的改裝設計。

戰車可以在氣溫28度C以上的地區行動，其改裝內容包括，將引擎室上面改成附通風格柵的艙門，還有提升散熱風扇的旋轉速度。這些改裝從E型戰車開始就在工廠的生產線上處理，一直到F型戰車都在生產改裝車輛。

1941年6月，為了讓戰車在6月22日起的蘇聯戰役「巴巴羅薩行動」，可以加長續航力，裝備了油彈拖車的拖車插銷，以便搭載2個鐵桶。除了在D型戰車有這項改裝設計，所有參與行動的IV號戰車都經過同樣改裝，在F型戰車生產過程中才成了標準裝備。

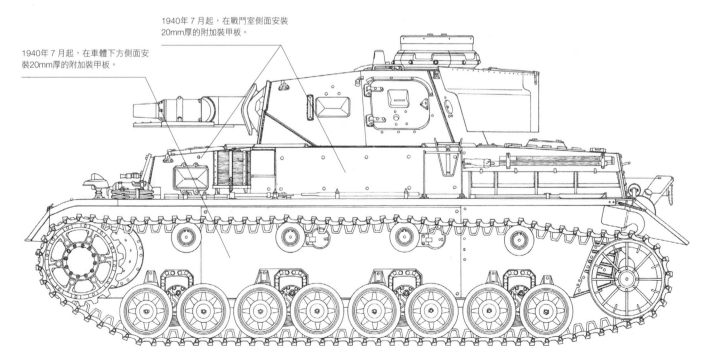

1940年7月起，在戰鬥室側面安裝20mm厚的附加裝甲板。

1940年7月起，在車體下方側面安裝20mm厚的附加裝甲板。

▲1941年12月15日，在北非托布魯克近郊遭到擊敗的D型戰車Trop.，正受到紐西蘭軍的檢視。車輛不只是為了適應熱帶地區而改裝，還經過部隊的自行改裝，添加行李架、安裝了備用履帶和備用路輪。

▲從左後方觀看阿伯丁戰車博物館展示的D型戰車Trop.。車輛缺損了砲塔後方的儲物箱和擋泥板後端等許多零件，但是整體而言依舊完好保留了原本的設計。另外，這輛戰車在2009年之後，因為基地重組的關係，移至維吉尼亞州的李堡，目前未對一般大眾公開。

1940年7月起，在戰鬥室前面安裝30mm厚的附加裝甲。

1940年春天，防空燈成了標準裝備。

1941年3月起，砲塔後方添加了儲物箱的裝備。

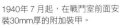

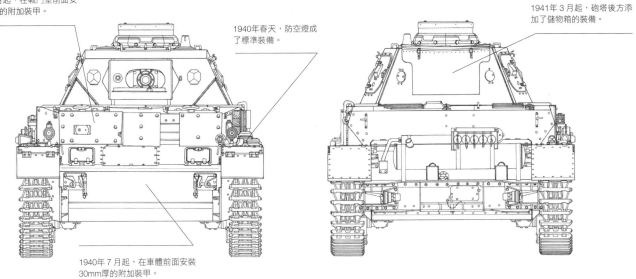

1940年7月起，在車體前面安裝30mm厚的附加裝甲。

戰車的車體前面加裝了30mm厚的附加裝甲，而且和上面裝甲之間的交界也安裝了護板。

戰鬥室前面的附加裝甲並非直接安裝在裝甲板上，而是透過支撐架間接安裝而留有一些間隙。

1941年1月為了北非戰線將車輛改裝為Trop.。引擎室上面的左右艙門替換成有通風格柵的規格。

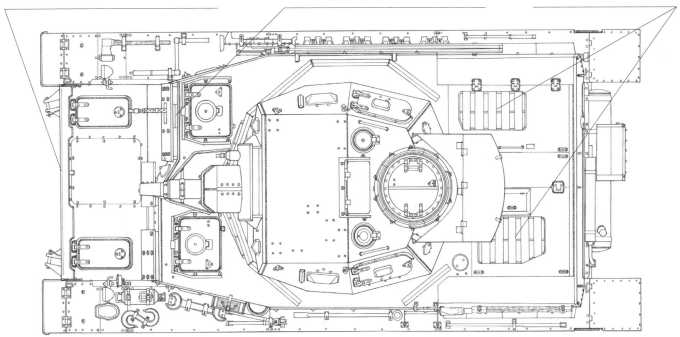

◀阿伯丁戰車博物館展示車的車體正面。這輛戰車移送至美國後,除了主砲經過改裝之外,幾乎以原本的狀態保存下來。

▲從右側觀看的主砲。整體形狀相似,但是方形緩衝器裝甲護板、較粗的砲管套筒、焊接的天線引導架等部分,都和Ⅳ號戰車D型截然不同。

▲戰車左前方的樣子。因為教育目的而拆除了主砲之後,連同砲盾和緩衝器裝甲護板,搭載了存放在阿伯丁戰車博物館的Ⅲ號戰車N型7.5cm Kw.K L／24戰車砲。

▲砲塔前面左側砲手觀測口裝甲護板打開的樣子,非單純的鉸鏈設計,而是利用左右兩邊的搖臂打開關閉。

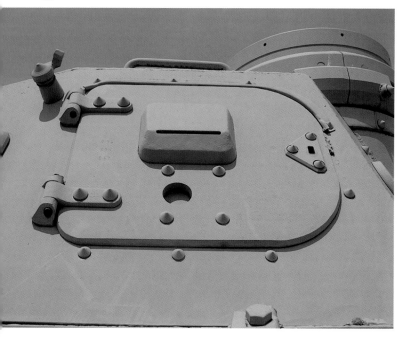

▲砲塔左側的砲手艙門。艙門前方上側的突起構造為艙門擋塊,艙門中央有觀測窗板塊,其下方的圓孔是從內側開關的機槍口。

▲車長指揮塔的配置突出於砲塔後面。焊接在下方朝上彎曲的條片用來固定儲物箱,原本為水平安裝。

▲車體前面。這輛戰車前面裝甲,應該是生產後期50mm厚的規格,另外還加裝了30mm厚的附加裝甲。

▲砲塔右側和戰鬥室右側,側面以尖頭鉚釘固定20mm厚的附加裝甲。後端有焊接痕跡,這是為了填補從B型戰車開始設計的進氣口開口,不過並不清楚原本的設計。

◀從左下方觀看車體前面下方。前面裝甲板的邊緣和下方加工成宛如同一個平面,然而可看出焊接的附加裝甲板超出前面裝甲板的樣子。

▶從右側觀看車體前面。焊接的附加裝甲為了避開牽引座而做出缺口。牽引座削去了原本突出的牽引鉤部分,重新焊接板狀牽引鉤。

▼附加裝甲板上沒有缺口和裝甲護板的安裝範例。另外,D型戰車最後生產的68輛車和E型戰車相同,車體前面的裝甲都是一片50mm厚的裝甲板。

▲D型戰車的車體前面安裝30mm厚附加裝甲板的樣子,這款設計在裝甲板的接合處安裝了補強作用的裝甲護板。

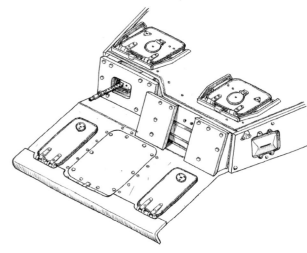

◀從右側觀看戰鬥室前面。有 3
片30mm厚的附加裝甲板,是用
6角螺栓固定在前面裝甲板焊接
的支撐架。

▲D型戰車的戰鬥室前面安裝了30mm厚的附加裝甲
板,側面安裝了20mm厚的附加裝甲板。

▲從右側觀看附加裝甲板。照片前面的機槍球形底座,以及照片後面的駕駛員觀測窗
都有安裝附加裝甲板,而且和前面裝甲板保持約30〜60mm的間隙。

▲戰車的前面左側。駕駛員觀測窗的附加裝甲板分成左右 2
片,以免遮住雙眼潛望鏡觀測口的視線。

◀戰車的前面右側。一如前面所述,底盤
是從D型戰車原有的規格改裝而成。履帶
為40cm寬的Kgs 61/400/120,驅動輪和
最終減速器的裝甲護板,都是F型戰車之
後的裝備規格。

▲從前方觀看車體左側。側面下方、戰鬥室側面都加裝了附加裝甲板。戰鬥室側面中央安裝了G型戰車生產期間導入的備用路輪架。

▲戰鬥室左側安裝的附加裝甲板小心切割出缺口,以免干擾到駕駛員觀測窗和通風口的裝甲護板。

▲車體右側,因為拆除了天線收納架和鏟子,所以清楚看到附加裝甲板的安裝方式。擋泥板上安裝了4組備用履帶架。

▲戰鬥室右側,前端安裝的吊鉤用鉚釘固定在附加裝甲板。

▲引擎室右側的進氣口,這是開闔式面板關閉的位置,功用是調節冷卻空氣。由於面板只利用上方焊接的彈片固定,所以開關簡易。前側狹窄的空隙是空氣進入引擎的進氣口。

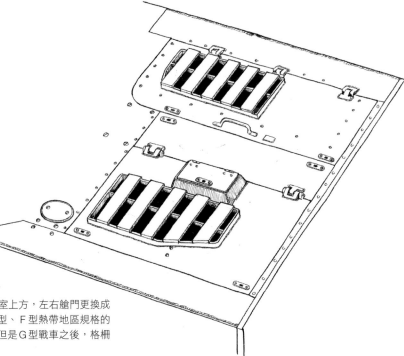

▶D型戰車Trop.的引擎室上方,左右艙門更換成有通風格柵的規格。E型、F型熱帶地區規格的車型也有相同的改裝,但是G型戰車之後,格柵就成了標準規格。

29

▲引擎室左側的進氣口，開關面板和固定條片都已遺失的狀態。

▲車體後面，都已拆除擋泥板後端和消音器等裝置。

▲1941年11月26日，英軍在北非戰線擊敗並且擄獲的D型戰車Trop.。引擎室左側後面焊接了備用路輪架，安裝在這個部分的主砲清潔桿移至左邊擋泥板的中央。

▲後面上方用於拆除散熱風扇的艙門放大圖。直到C型戰車都是滑動式裝甲護板，從D型戰車才改為艙門式。

▲後面右側的牽引鉤，一般隱藏在可掀式擋泥板後端看不見的部分。

▲右側誘導輪的底座。一如前面所述，這並非D型戰車原本的誘導輪，而是安裝了F型戰車之後才有的規格。

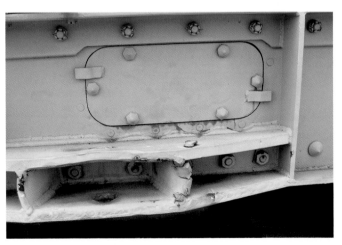

▲後面下方中央用於發動引擎的搖桿插入口蓋。牽引座的左右焊接成向外展開的八字形。

▲車體左側。車體下面20mm厚的附加裝甲板,安裝在第2個路輪中間到第7個路輪前的車體中央區塊。安裝的附加裝甲板,在轉向架底座和燃料注入口等部分都有切口設計。

▼從偏後方的位置觀看右側驅動輪。顯然驅動輪和最終減速箱都是F型戰車之後的裝備。

▲車體右側。路輪為F型戰車之後較寬的規格,輪轂蓋也是鑄造製品。

▲從前方觀看右側底部,不同於第23頁的照片,拆除了覆蓋轉向架安裝部分的外蓋。

▲從前方觀看左側第1、第2個路輪的懸吊系統。板片彈簧前方的固定部分不同於第3、第4個路輪的規格。

第6章

IV號戰車 D型 G型規格改裝車

Pz.Kpfw.IV Ausf.D (Sd.Kfz.161) Ausf.G Updated

在D型戰車中也可看到將主砲改裝為長砲管7.5cm Kw.K.40 L／43、添加附加裝甲或更換底盤等，經過升級並改裝成等同G型規格的車輛。本書將這些經過有效利用、提升性能的舊型戰車稱為「G型規格改裝車」。

解說／竹內規矩夫
圖面／遠藤慧
Description : Kikuo Takeuchi
Photos : Przemyslaw Skulski, Massimo Foti, George Papadimitriou, Marek Praszczyk, HMSO, Bundesachive, NARA
Drawings : Kei Endo

【 IV號戰車 D型 G型改修車 性能規格 】

車長：6.640m
車寬：2.880m
車高：2.680m
最小離地高度：0.400m
重量：23.6 噸
士兵：5 名（車長、砲手、裝填手、無線電通訊員、駕駛員）
武裝：7.5cm Kw.K. 40 L／43
　　　彈藥 87 發
　　　7.92mm MG 34 機槍 2 挺（同軸、球形底座）
引擎：邁巴赫 HL 120 TRM
　　　V 型 12 汽缸水冷汽油引擎
最大輸出功率：265 馬力
變速器：ZF S.S.G. 76
　　　　6 個前進檔、1 個倒退檔
最大速度：42km/h（公路）
平均速度：公路 25km/h、越野 20km/h
燃料儲存容量：470L
續航力：公路 210km、越野 130km
車體裝甲厚度：10～80mm
戰鬥室裝甲厚度：8～80mm
砲塔裝甲厚度：8～50mm

▲英國博文頓戰車博物館收藏的D型G型規格改裝車，車體編號為80732，推測為1940年9月～10月左右製造的車輛。車輛改裝成G型規格後，在NSKK（國家社會主義汽車軍團，即納粹黨負責的汽車駕駛訓練機構）用於操作訓練。

D型戰車 G型規格改裝車的特色

IV號戰車D型從1939年10月到1940年10月製造了248輛並就此終止生產。為了盡量將戰車送往戰場最前線，除去因為戰爭等全毀的車輛，將剩餘可加以維修的車輛，在工廠維修時就更換（改裝）成和當時生產中車輛相同的最新零件，藉此得以將車輛升級成近乎最新車型的同等性能。另外，由此也可看出，德軍利用統一車輛規格，混用新舊車輛並且達到輕鬆維修的目的。

1942年7月，F型戰車的主砲改為長砲管7.5cm Kw.K.40 L／43，而當攻擊力大幅提升的G型戰車生產上軌道時，又將以往搭載短砲管7.5cm KW.K. L／24的D、E、F型的既有戰車，改裝成與G型戰車相同的規格。這些改裝作業除了更換主砲之外，還包括為D型和E型戰車安裝附加裝甲

主砲改裝為長砲管7.5cm Kw.K.40 L／43。

車體左側中央安裝了 2 個容量的備用路輪架。

屬於外部裝備的清潔桿改成長砲管用的規格。

因應40cm寬履帶將驅動輪、路輪和誘導輪改裝成 F 型戰車之後的規格。

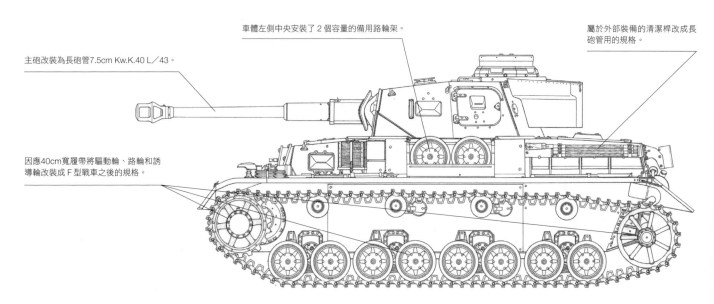

以加強防護力，並且因應重量的增加更換底
盤。具體來說，就是在戰鬥室前面加裝了附
加裝甲板，並且更換成可因應40cm寬履帶
裝備的驅動輪、路輪和誘導輪。另外，隨著
主砲的改裝，同時將清潔桿更換成較長的規
格。

　D型戰車改裝成G型戰車的規格後，主要
配備在訓練部隊和後方部隊，但是在戰爭將
盡之際，也有一些戰車用於前線作戰。另
外，在成為部隊配備後，配合G型戰車的升
級，還多了裝甲側裙的裝備。

▲這是在NSKK訓練時的D型戰車G型規
格改裝車。雖然各個部位都呈現G型戰車
的特色，不過仔細觀看，戰鬥室前面折線
形設計，砲塔兩側打開的艙門為一片式門
片，由此可知這是從D型戰車改造後的車
輛。

◀1943年8月，聯軍在義大利西西里島
巴勒摩擄獲的D型戰車G型規格改裝車。
從車體後面的消音器、側面的附加裝甲
板、砲塔的指揮塔和側面的艙門可知，這
輛車的基礎規格為D型戰車。

配合長砲管7.5cm Kw.K.40 L／43，
也變更了緩衝器裝甲護板。

在D型戰車安裝的30mm厚附加裝
甲板上，再添加20mm厚的附加裝
甲板。

煙霧彈發射器支架有裝甲蓋。

1942年9月起，加裝
了冷卻水加熱器等適
應寒帶地區的裝備。

車體前面焊接固定了30mm
厚的附加裝甲板。

履帶裝備了全寬40cm的Kgs 61/400/120，
是F型戰車之後採用的規格。

新加裝了E型戰車之後使用的通風換氣機和裝甲艙蓋。

廢除了中央的通風艙門和左右的通訊艙門，而
以長方形裝甲板封閉。

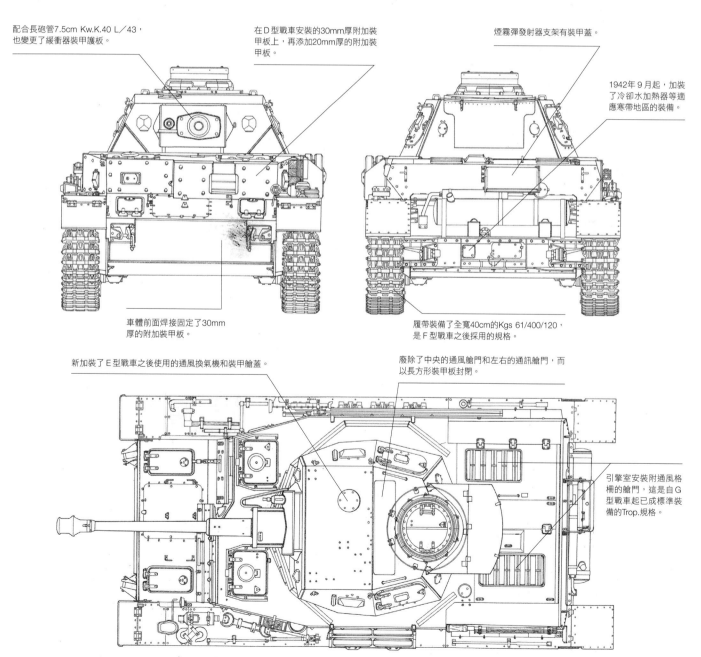

引擎室安裝附通風格
柵的艙門，這是自G
型戰車起已成標準裝
備的Trop.規格。

◀從右後方觀看博文頓戰車博物館的展示車。從砲塔周圍的裝甲側裙（抵抗反戰車砲的薄型防彈板）可知，這輛戰車是1943年4月到5月左右，以G型規格改裝的車輛。

▲博文頓戰車博物館展示車的正面。戰車主砲改成和G型戰車一樣的規格，底盤也經過升級，所以可視為擁有近乎G型戰車的同等戰鬥力。

▲1943年9月9日，在義大利法薩納拉被擊敗的D型戰車G型規格改裝車，砲塔朝向後方的樣子。砲塔附有裝甲側裙，甚至車體側面也安裝了裝甲側裙架，這是應用於實戰的規格。

▲砲盾和緩衝器裝有護板。外觀為方形，和短砲管7.5cm Kw.K. L／24的形狀完全不同。右側焊接了天線引導架。

▲7.5cm Kw.K.40 L／43的砲口。1942年9月左右導入多室砲口制退器，前端安裝了初期的圓狀設計。

◀砲塔正面的左側。砲手觀測窗內側有一個橢圓形小孔,這是主砲 T. Z. F. 5f 伸縮望遠瞄準器的瞄準口。

▼從砲塔左側的砲手艙門可確認這是 D 型戰車。可用鉸鏈開關裝甲側裙會遮擋到艙門部分的面板,但這輛戰車已沒有這部分的面板。

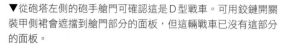

▲圍住砲塔周圍的裝甲側裙左前端。砲塔的裝甲側裙是利用支撐架將厚8mm的鋼板安置在砲塔側面,並且用螺栓將支撐架固定在砲塔。

▲砲塔右側裝填手艙門呈關閉的狀態。裝甲側裙的支撐架似乎和 G 型戰車以後的規格通用,形狀不會影響到 F 型戰車之後 2 片式門片的裝填手艙門。

▲砲塔右側裝填手艙門呈打開的狀態,右側裝甲側裙的面板也已遺失。

▶從後方觀看砲塔右側的裝填手艙門。可看到觀測窗內側的防彈玻璃,以及其下方滑動式機槍口等。一片式門片的艙門面積較大,打開時相當醒目。

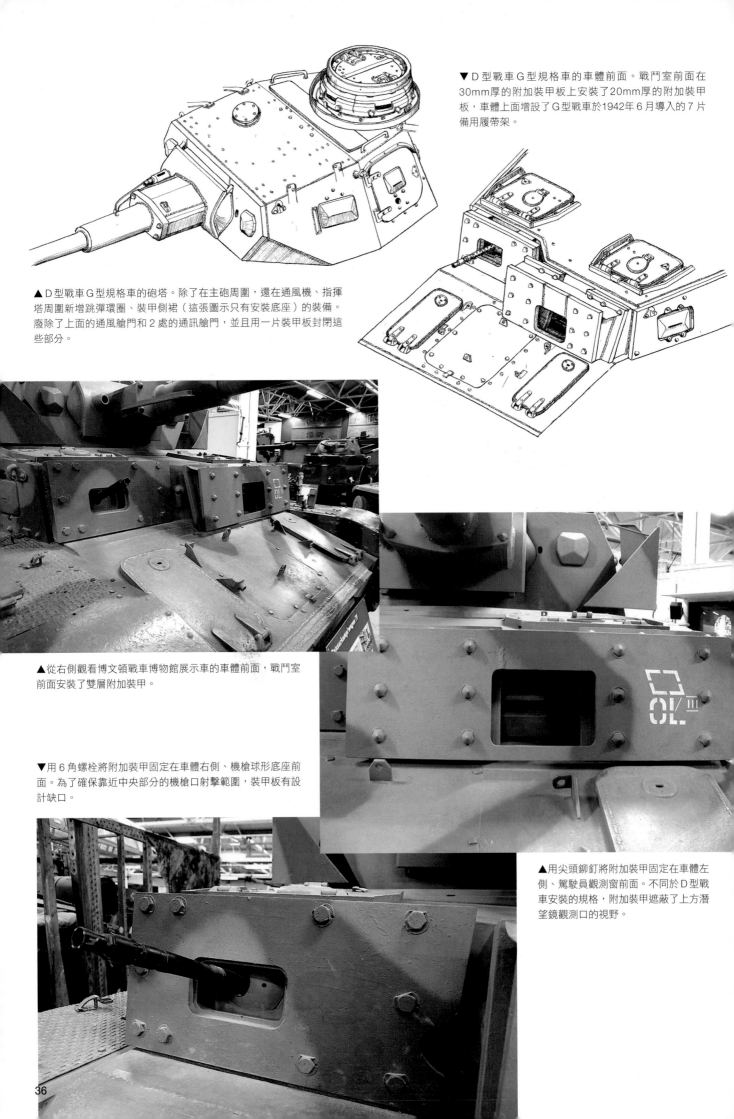

▼D型戰車G型規格車的車體前面。戰鬥室前面在30mm厚的附加裝甲板上安裝了20mm厚的附加裝甲板，車體上面增設了G型戰車於1942年6月導入的7片備用履帶架。

▲D型戰車G型規格車的砲塔。除了在主砲周圍，還在通風機、指揮塔周圍新增跳彈環圈、裝甲側裙（這張圖示只有安裝底座）的裝備。廢除了上面的通風艙門和2處的通訊艙門，並且用一片裝甲板封閉這些部分。

▲從右側觀看博文頓戰車博物館展示車的車體前面，戰鬥室前面安裝了雙層附加裝甲。

▼用6角螺栓將附加裝甲固定在車體右側、機槍球形底座前面。為了確保靠近中央部分的機槍口射擊範圍，裝甲板有設計缺口。

▲用尖頭鉚釘將附加裝甲固定在車體左側、駕駛員觀測窗前面。不同於D型戰車安裝的規格，附加裝甲遮蔽了上方潛望鏡觀測口的視野。

▲從側面觀看車體右側的附加裝甲。觀看剖面，可知道這是由30mm厚和20mm厚的兩片附加裝甲板構成。

▲從右側觀看戰鬥室前面。安裝了30mm厚加20mm厚的附加裝甲板，距離戰鬥室約有30～90mm的空間。

▲從左側觀看駕駛員觀測窗前的附加裝甲，如同安裝30mm厚裝甲板的時候，20mm厚的附加裝甲板也用螺栓固定在裝甲板焊接的支撐架。

▲從左側正面觀看附加裝甲的安裝角度。

◀從左側觀看車體前面上方。前面為駕駛員艙門，後面為無線通訊／機槍手艙門。駕駛員艙門上面的通訊艙門已遺失。

▼車體左側的最終減速器裝甲護板。推測因為固定的螺栓較多，也有一定厚度，所以安裝了F型戰車之後的裝甲護板。

◀車體右側的最終減速器裝甲護板。推測因為固定的螺栓較少，所以安裝了E型戰車的裝甲護板。

▼車體左側後面，為了配合40cm寬的履帶，路輪使用90mm寬的橡膠輪緣。輪轂蓋也安裝了E型戰車之後開始採用的鑄造規格。

▲車體左側。底盤為G型戰車的規格，左側擋泥板上安裝了備用路輪架，所以只有從戰鬥室和車體下方安裝的附加裝甲可確認這是D型戰車。

▲車體右側。這輛戰車沒有在車體安裝裝甲側裙，但是擋泥板末端的開孔和車體上面安裝的支撐架，可追加裝甲側裙的裝備。

▲車體右側。擋泥板上面的外部裝備除了安裝的支撐架，其餘幾乎都已遺失。

▼右邊擋泥板中央。天線收納架的下方安裝了鏟子收納架和3組備用履帶架。

▲車體右側前面。側面20mm厚的附加裝甲板上，有配合戰鬥室形狀的缺口設計。可立式天線的天線桿已遺失，只剩下底座。

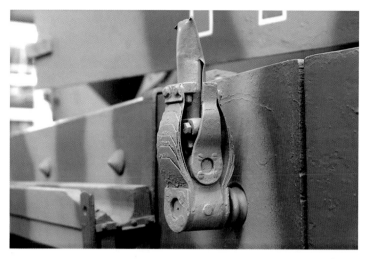

▲戰鬥室右側的可立式天線底座，利用彈片讓底座往左右轉動。G型戰車從1942年11月起將天線移走，D型戰車的G型規格車則保持不變。

▲引擎室右側，進氣口的可動式面板呈關閉的樣子。

◀從左後方觀看博文頓戰車博物館的展示車，左右邊擋泥板後端的可動部位都已遺失。

▼從下方觀看煙霧彈發射器支架，主要的消音器明顯凹陷變形。

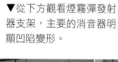

◀車體後面左側。履帶和誘導輪等都替換成G型戰車的規格，但是消音器維持D型戰車的規格。煙霧彈發射器支架的位置雖然沒有改變，但是改安裝在車體後面。

▲從左側觀看煙霧彈發射器支架,將煙霧發射器架安裝在車體的支撐架,受到來自後方的強烈力道擠壓而變形。

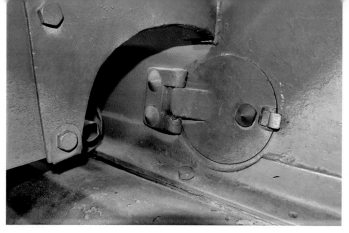

▲煙霧彈發射器支架的支撐架經過切割,以便避開拆除散熱風扇的艙門和輔助消音器。

◀車體後面。掛牽引纜繩的L形纜繩鉤,用螺栓固定在上方的左右兩邊。

▼車體後面右側下方,履帶鬆緊調整裝置的底座以焊接組合而成。

▲從上方觀看履帶鬆緊調整裝置,誘導輪改裝成管狀焊接式,為F戰車之後使用的新型規格。

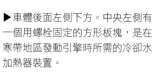

▶車體後面左側下方。中央左側有一個用螺栓固定的方形板塊,是在寒帶地區發動引擎時所需的冷卻水加熱器裝置。

▲車體右側驅動輪內側附近，最終減速箱改成F戰車之後使用的規格。

▲從右後方觀看車體後面，引擎室上面的艙門附有和G型戰車同樣的通風格柵規格。

▼車體左側的誘導輪。D型戰車之後，底座以下方加寬的大片支撐架，用鉚釘固定於車體。

▲車體左側的底盤，驅動輪安裝了適用於40cm寬履帶的寬版規格。

◀車體右側的路輪和上方路輪。車體下方20mm厚的附加裝甲，是D型戰車的既有裝備並未更改。

41

第7章

IV號戰車 E型
Pz.Kpfw.IV Ausf.E (Sd.Kfz.161)

接續D型戰車量產的E型戰車，加強了各部位的防護力，不過幾乎沒有特別大的改良設計，生產數量也並不多，因此幾乎可視為D型戰車的微調版。下一個正式進入量產的車輛，應屬更改裝甲厚度和底盤設計的F型戰車。

解説／竹內規矩夫
圖面／遠藤慧
Description : Kikuo Takeuchi
Photos : Przemyslaw Skulski, Graeme Moulineux, HMSO, Bundesarchive, NARA
Drawings : Kei Endo

【 IV號戰車 E型 性能規格 】

車長：5.920m
車寬：2.840m
車高：2.680m
最小離地高度：0.400m
重量：22 噸
士兵：5 名（車長、砲手、裝填手、無線電通訊員、駕駛員）
武裝：7.5cm Kw.K. L／24
　　　彈藥 80 發
　　　7.92mm MG 34 機槍 2 挺（同軸、球形底座）
引擎：邁巴赫 HL 120 TRM
　　　V 型 12 汽缸水冷汽油引擎
最大輸出功率：265 馬力
變速器：ZF S.S.G. 76
　　　6 個前進檔、1 個倒退檔
最大速度：42km/h（公路）
平均速度：公路 25km/h、越野 20km/h
燃料儲存容量：470L
續航力：公路 210km、越野 130km
車體裝甲厚度：10～50mm
戰鬥室裝甲厚度：8～30+30mm
砲塔裝甲厚度：8～35mm

▲澳洲凱恩斯澳洲裝甲兵和砲兵博物館（AAAM）展示的E型戰車。透過AAAM的復原作業，從歐洲各地取得零件，完全依照實際車輛的規格修復成全球唯一現存的E型戰車。

E型戰車的特色

IV號戰車E型為「第六款支援戰車」（6./BW），於1940年10月到1941年4月交由古魯柏格魯森工廠生產206輛。其中4輛改造成IV號戰車C型架橋車，2輛改造成交錯式路輪的測試車，因此真正完成的戰車型車輛為200輛。

簡單來說，E型為D型的防護力強化型戰車。車體前面為50mm厚的軋壓均質裝甲板，可以抵擋37mm反戰車砲的穿甲砲。另外，前面下方也從20mm厚加強至30mm厚，但是來不及將其他部分增厚，而在1942年2月之後才在戰鬥室前面安裝30mm厚的附加裝甲板，在側面安裝20mm厚的附加裝甲板。駕駛員觀測窗的

裝甲護板開關，從滑動式改成和III號戰車G型相同的轉動式「30型駕駛員觀測閥門」。同樣地，砲塔的車長指揮塔也改成和III號戰車G型相同的厚裝甲板規格（最大裝甲厚度90mm），而且還廢除了突出於砲塔後方面板的設計。另外為了改善防護上的缺點，也廢除了車長指揮塔前方的方形通風艙門和右側的圓形通訊艙門，而在頂面前方

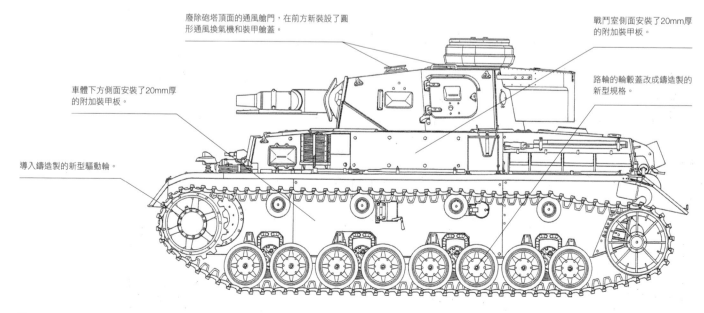

廢除砲塔頂面的通風艙門，在前方新裝設了圓形通風換氣機和裝甲艙蓋。

戰鬥室側面安裝了20mm厚的附加裝甲板。

車體下方側面安裝了20mm厚的附加裝甲板。

路輪的輪轂蓋改成鑄造製的新型規格。

導入鑄造製的新型驅動輪。

新裝設了圓形的排煙通風扇和裝甲艙蓋。再者，於其他細節部分，將車體前面上方的剎車檢修艙門與裝甲板設計在同一平面，並且提升裝甲斜面。為了防止車體後面的煙霧彈發射器受損，在發射器支架安裝了裝甲蓋。

此外，底盤也經過改裝。驅動輪改成鑄造製的新型規格，而路輪的潤滑系統經過改良，因此將輪轂蓋改為鑄造製的規格。不過履帶安裝的規格和D型戰車相同，為全寬38cm的Kgs 6111/380/120。

E型戰車在生產期間和D型戰車一樣，也有部分車輛製造成潛水戰車的規格和Trop.規格。1941年3月在砲塔後面安裝了儲物箱，6月安裝了油彈拖車的拖車插銷。另外，在1942年7月之後，將在工廠重建的戰車，改造成將主砲變更為7.5cm Kw.K. 40 L／43的G型戰車規格。其中至少有一輛改裝成卡爾臼砲的彈藥運送車，這是比較少見的改造車型。

▲1941年夏天在蘇聯境內，Sd.Anh.116戰車搬運車搭載E型戰車的場景。從戰鬥室前面的形狀可知這是E型戰車，但是駕駛員觀測窗的部分未安裝附加裝甲。路輪的輪轂蓋混合了鑄造製新型規格和直到D型戰車的舊型規格。

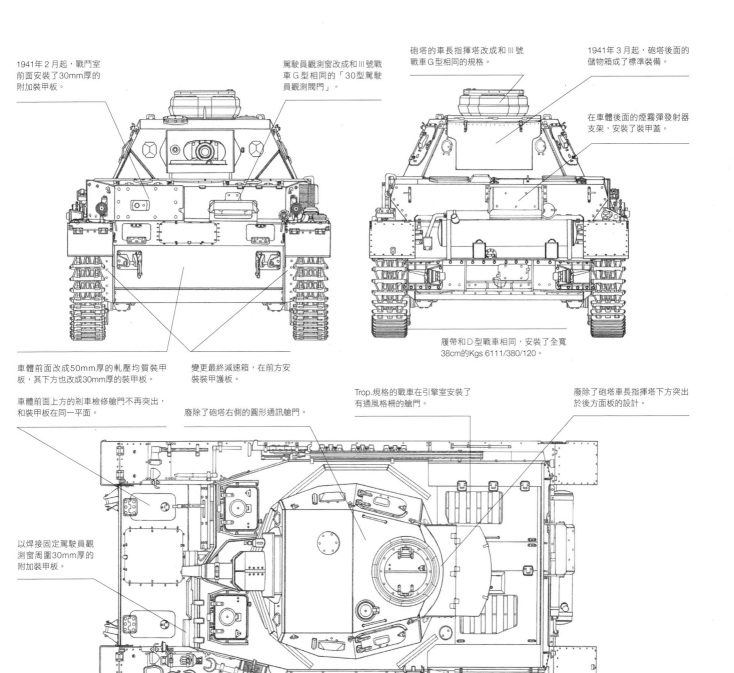

1941年2月起，戰鬥室前面安裝了30mm厚的附加裝甲板。

駕駛員觀測窗改成和III號戰車G型相同的「30型駕駛員觀測閥門」。

砲塔的車長指揮塔改成和III號戰車G型相同的規格。

1941年3月起，砲塔後面的儲物箱成了標準裝備。

在車體後面的煙霧彈發射器支架，安裝了裝甲蓋。

履帶和D型戰車相同，安裝了全寬38cm的Kgs 6111/380/120。

車體前面改成50mm厚的軋壓均質裝甲板，其下方也改成30mm厚的裝甲板。

變更最終減速箱，在前方安裝裝甲護板。

車體前面上方的剎車檢修艙門不再突出，和裝甲板在同一平面。

廢除了砲塔右側的圓形通訊艙門。

Trop.規格的戰車在引擎室安裝了有通風格柵的艙門。

廢除了砲塔車長指揮塔下方突出於後方面板的設計。

以焊接固定駕駛員觀測窗周圍30mm厚的附加裝甲板。

▼車體後面右側。博物館一邊收集零件,一邊高度還原修復,並且維持儲物箱和誘導輪等部分零件的原本狀態,並未修復而是直接安裝。

▲從左前方觀看澳洲裝甲兵和砲兵博物館(AAAM)展示車。整體塗裝成深黃色,並且添加了隸屬德意志非洲軍第15裝甲師第8戰車隊的車輛標誌。

▲車體正面。儘管缺乏細節零件,仍盡力修復成基本外觀。駕駛員觀測窗的部分也安裝了附加裝甲板。

▲從E型戰車開始安裝的新型車長指揮塔,這是和Ⅲ號戰車G型通用的規格,裝甲護板曾為最大厚度90mm,防護力相當高。

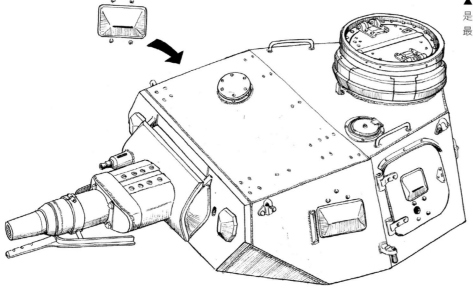

◀E型戰車的砲塔。指揮塔下方已經沒有往後突出的設計,砲塔內部容積也變大。廢除了指揮塔前方的通風艙門和右側的通訊艙門,在前方右側新增設主砲發射時排煙所需的通風換氣機,用螺絲將圓形的裝甲艙蓋固定在上面。

▲從右後方觀看安裝在砲塔後面的儲物箱。從 E 型戰車生產期間的 1941 年 3 月開始就成了標準裝備，也有改裝在之前的車型中。

▲戰車右前方的樣子。基本外觀和 D 型戰車所差無幾，只有駕駛員觀測窗和驅動輪等少部分有所不同。

▲從左後方觀看儲物箱。雖然使用了原本零件，卻刻意未修復變形和中彈受損之處，只有再次塗裝後就安裝復原。

▲ E 型戰車的砲塔前面安裝了稱為「衝鋒裝甲板」的附加裝甲。砲塔側面的裝填手艙門打開，而艙門擋塊移至艙門前面下方也是 E 型戰車的特色。

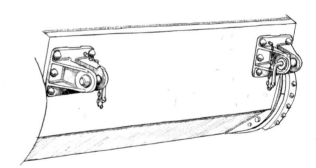

▲ E 型戰車的車體前面，由上方50mm厚、下方30mm厚的裝甲板相對焊接而成。最終減速箱也是新型規格，前方還可安裝20mm厚的裝甲護板。

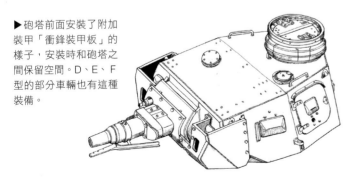

▶砲塔前面安裝了附加裝甲「衝鋒裝甲板」的樣子，安裝時和砲塔之間保留空間。D、E、F 型的部分車輛也有這種裝備。

▶1942年3月16日，英軍正在研究在北非戰線擄獲的 E 型戰車「800」號車。車體前面上方左右的剎車檢修艙門呈打開狀態。

▶ E型戰車的車體前方,這是未安裝附加裝甲板的初期狀態,駕駛員觀測窗從滑動式改為轉動式。剎車檢修艙門和車體上方裝甲板在同一平面,鉸鏈部分也經過加強處理。

▼戰鬥室前方安裝30mm厚附加裝甲板的樣子。機槍球形槍座的部分和D型戰車一樣都是以螺栓固定,然而駕駛員觀測窗的部分是在上方利用焊接的支撐板固定,另外在下方還安裝了跳彈板。

▲機槍球形底座部分的附加裝甲。表面有為了機槍口的缺口設計,並且畫有德意志非洲軍的軍徽標誌。

◀從右側觀看戰鬥室前方。附加裝甲板在機槍球形底座部分約有30mm的間隙,駕駛員觀測窗的部分幾乎無縫安裝。

▲駕駛員觀測窗部分的附加裝甲板安裝狀況。觀測窗板塊和潛望鏡觀測口部分的裝甲有缺口設計,機槍口的部分則完全遮覆。

◀從左前方觀看戰鬥室前方。附加裝甲板的下方焊接了用於螺絲固定的角鐵。左上方有第8戰車隊的標誌,戰鬥室的左側寫有「Erika」的個人標誌。

▼車體右側前面。戰鬥室右側用尖頭鉚釘安裝20mm厚的附加裝甲板,擋泥板上有車載工具千斤頂。

▲從左側觀看戰鬥室側面,請注意已腐蝕的駕駛員觀測窗原本零件,和全新製作的附加裝甲板,兩者呈現的表面質感差異。

▲戰鬥室左側中央的通風口裝甲護板。前側的附加裝甲板為重新製作的零件,但是中央部分的附加裝甲板為原本零件。

▲左側擋泥板上的扳手是用來調整履帶鬆緊裝置,可看到後面有上下車用的折疊梯。

▼車體右側,並未在擋泥板中央安裝備用履帶架,也未在引擎室側面安裝進氣口關閉面板,但是明顯有裝備天線收納架和鏟子。

▲戰鬥室左側後端以管夾固定上下車的折疊梯,其內側的V字形工具為連接更換履帶時使用的工具。

▲利用角鐵安裝的天線收納架和鏟子。天線收納架為2層設計,上方溝槽中可以收納可立式天線桿,下方可放置備用天線桿。

▲天線周圍。天線座和第39頁照片中的零件相比,這應該不是原本零件。

▲從左側觀看煙霧彈發射器支架。直到D型戰車都固定在消音器上方，從E型戰車開始，改利用支撐架安裝在車體後面。

▲車體後面。整體構造包括長形消音器、煙霧彈發射器支架的配置等，都和D型戰車G型規格車相同（請參考第40頁）。

◀後面左側有通往輔助消音器的排氣管出口。外側安裝了U字形的裝甲護板。牽引鉤隱藏在擋泥板的後端，只看得到底座安裝的支撐架。

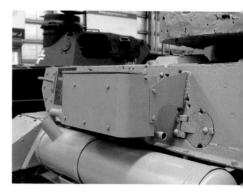

▲從右側觀看煙霧彈發射器支架，為了避免在戰爭中受損，所以從E型戰車開始添加了裝甲蓋。

▲引擎室上面，只有後側面板和梯形突起的冷卻水注入口艙蓋為原本零件，艙門等都是復原作業中重新製造的零件。安裝的艙門是沒有通風格柵的一般規格。

◀後側面板上方左側並未重新塗裝，保留了原本的白色鐵十字標幟。從少許殘留的紅色防鏽塗料色調也可確認得知。

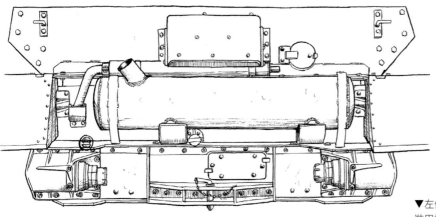

◀E型戰車的車體後面。在煙霧彈發射器支架添加裝甲蓋,煙霧彈發射器支架改安裝在車體後面的同時,也稍微將位置移至中央。

▼左側驅動輪的內側。最終減速箱也是全新的零件,扇形裝甲護板還用螺栓固定。

▲車體左側的驅動輪,比起D型戰車之前的規格,改為更簡約的構造。

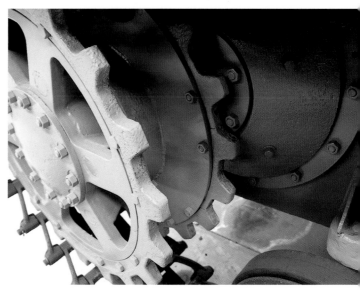

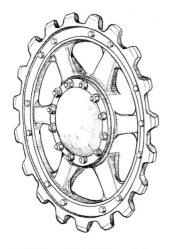

▲E型戰車安裝的驅動輪。此為鑄造規格,加強本體和齒輪的接合部,也加強了輻條。

◀這是第11裝甲師第15戰車車隊的E型戰車「11」號車,在1941年春天參與巴爾幹半島作戰。誘導輪有補強肋,為D型戰車起就安裝的規格。

▶E型戰車的路輪。輪轂蓋為鑄造規格,由6根螺栓固定。

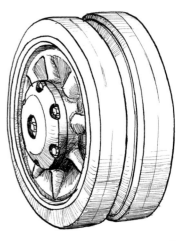

◀澳洲裝甲兵和砲兵博物館(AAAM)展示車的車體右側底盤。路輪的外觀除了輪轂蓋之外,和D型戰車的規格並無不同。

F型戰車的車型將前面裝甲板統一成50mm的厚度，並且因應重量的增加導入40cm的履帶。由3家公司參與生產，訂單總數為700輛，不過因為戰車的攻擊力相對下降而中止生產，並且切換為生產F2型（後來的G型）戰車。

解説／竹內規矩夫
圖面／遠藤慧
Description：Kikuo Takeuchi
Photos：Przemyslaw Skulski, Vitaliy V. Kuzmin, Mike1979Russia, Nils Mosberg, Tomasz Szulc, Alan Wilson, Fortepan, Bundesachive, NARA
Drawings：Kei Endo

【Ⅳ號戰車 F 型 性能規格】

車長：5.920m
車寬：2.880m
車高：2.680m
最小離地高度：0.400m
重量：22.3 噸
士兵：5 名（車長、砲手、裝填手、無線電通訊員、駕駛員）
武裝：7.5cm Kw.K. L／24
　　　彈藥 80 發
　　　7.92mm MG 34 機槍 2 挺（同軸、球形底座）
引擎：邁巴赫 HL 120 TRM
　　　V 型 12 汽缸水冷汽油引擎
最大輸出功率：265 馬力
變速器：ZF S.S.G. 76
　　　6 個前進檔、1 個倒退檔
最大速度：42km/h（公路）
平均速度：公路25km/h、越野20km/h
燃料儲存容量：470L
續航力：公路210km、越野130km
車體裝甲厚度：8～50mm
戰鬥室裝甲厚度：8～50mm
砲塔裝甲厚度：8～50mm

▲在俄羅斯莫斯科波克洛納亞山丘勝利公園戶外展示的 F 型戰車。車輛以舊時戰場回收的車體為基礎，從2010年左右開始修復，但是幾乎所有的部分都是重新製作的複製品，原本零件只有戰鬥室前面、側面、主砲管、車長指揮塔及底盤等少部分。

F型戰車的特色

在1941年6月爆發的德蘇戰爭中，德國戰車部隊的損失超乎預期，加上新編制的裝甲師不盡人意，因此由各家廠商參與新型Ⅳ號戰車完整車輛和零件的生產，目標是要進一步提升Ⅳ號戰車的產量。於1941年4月到1942年2月期間，委託古魯柏格魯森工廠、沃瑪格、尼伯龍根工廠共3家公司負責生產下一代的Ⅳ號戰車 F 型「第七款支援戰車」（7.Serie/B.W.），每月量產數量從 E 型戰車約20輛的數量，倍增至大約50輛，合計可生產471輛。

F型戰車進一步強化了防護力。在 E 型戰車時已經將車體前面的裝甲板增為50mm厚，但是 F 型戰車在戰鬥室和砲塔的前面裝甲板都統一為50mm厚的表面硬化裝甲板。另外，主砲砲盾和觀測窗等也改用表面

機槍球形底座改裝為「50型球形機槍座」。

砲塔側面的觀測窗和Ⅲ號戰車 E 型為通用規格。

車體和戰鬥室的側面裝甲板增厚至30mm。

驅動輪配合40cm寬的履帶加寬。

誘導輪導入容易生產的管狀焊接組件。

路輪配合40cm寬的履帶加寬。

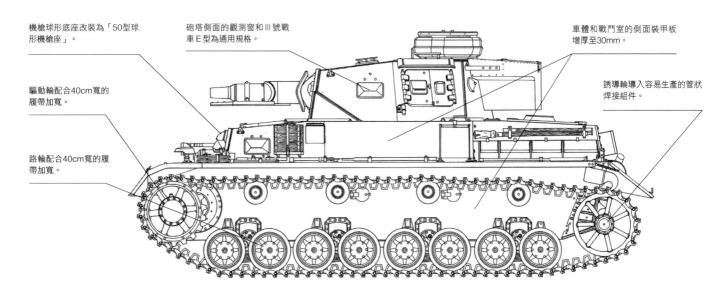

硬化鋼材。而且再次廢除戰鬥室前面左右不一的折線形設計，改成一片裝甲板，並且將駕駛員觀測窗改裝為三號突擊砲的「50型駕駛員觀測閥門」，機槍球形底座也改成「50型球形機槍座」，而側面裝甲板也增厚至30mm。

砲塔側面的艙門從一片式大面積門片，改為和III號戰車E型之後通用的規格，為前後2片式門片，減少開關時的面積。砲塔觀測窗和機槍口也使用和III號戰車E型通用的規格。

因應加強裝甲伴隨的重量增加，也提升了機動性。為了加寬接觸地面的面積，履帶改為全寬40cm的Kgs 61/400/120，降低接觸地面的壓力。一如E型戰車，配合履帶加寬了驅動輪和路輪的設計。誘導輪也導

入了方便生產的管狀焊接組件。

另外，縮小了車體後面主引擎消音器的寬度，煙霧彈發射器支架則是從E型戰車開始，就從主引擎消音器改為直接安裝在車體後面，不過位置更偏向左側。發電用輔助引擎的消音器也從長圓筒狀縮小成箱形，配置上也移至車體後面左側。

F戰車曾經是德蘇戰爭的主要戰力，然而在面對蘇聯軍隊的KV-1重型戰車和T-34中型戰車等強敵，為了能夠與之抗衡，於1942年3月起開始生產改裝成7.5cm Kw.K40 L／43的「F2型戰車」，而至今搭載了7.5cm Kw.K L／24的F型戰車則稱為「F1型戰車」，以示區別。

▲1942年在匈牙利埃斯泰爾戈姆拍攝的F型戰車。在供應匈牙利軍的車輛，除了側面的國籍標誌之外，幾乎都是原本的設計。緩衝器裝甲護板拆除後放置在車體上面，主砲似乎正在維修中。

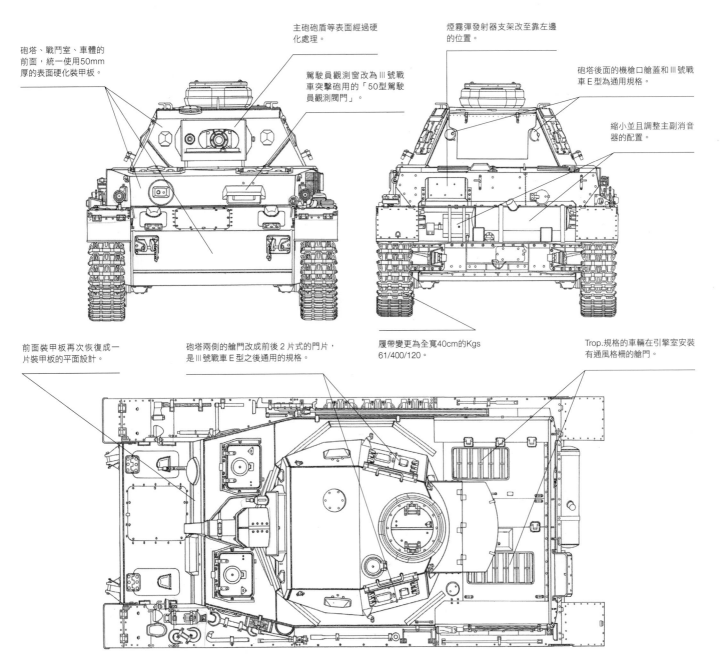

砲塔、戰鬥室、車體的前面，統一使用50mm厚的表面硬化裝甲板。

主砲砲盾等表面經過硬化處理。

駕駛員觀測窗改為III號戰車突擊砲用的「50型駕駛員觀測閥門」。

煙霧彈發射器支架改至靠左邊的位置。

砲塔後面的機槍口艙蓋和III號戰車E型為通用規格。

縮小並且調整主副消音器的配置。

前面裝甲板再次恢復成一片裝甲板的平面設計。

砲塔兩側的艙門改成前後2片式的門片，是III號戰車E型之後通用的規格。

履帶變更為全寬40cm的Kgs 61/400/120。

Trop.規格的車輛在引擎室安裝有通風格柵的艙門。

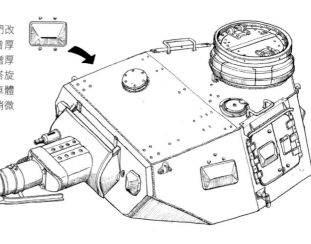

◀F型戰車的砲塔。側面艙門改為2片式門片，主砲砲盾增厚至50mm，前面和側面分別增厚至50mm、30mm。結果砲塔旋轉時，前面裝甲板的下端和車體的跳彈板會相互牴觸，因此稍微切去了前面裝甲板的下端。

◀波克洛納亞山丘勝利公園展示車的戰鬥室前面裝甲板，左側掛有象徵幸運護身符的馬蹄。機槍球形底座直到E型戰車都是方形，但是「50型球形機槍座」幾乎為半球形外觀，也不會在車外看到固定螺栓。

▲1942年3月，戰車兵從砲塔左側的砲手艙門探出身體。直到E型戰車都是1片式門片，從F型戰車起改成和Ⅲ號戰車相同，為前後2片分開的門片。

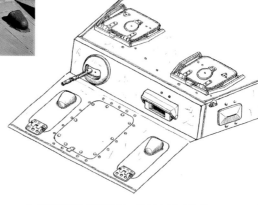

▼1941年秋天，穿越蘇聯鐵路橋的F型戰車隊伍。戰鬥室前面和車體前面安裝了備用履帶，左側擋泥板中央似乎安裝了便攜油桶架。

▲F型戰車的車體前面。戰鬥室前面增厚至50mm，側面增厚至30mm。戰鬥室前面的裝甲板和B／C型戰車相同，恢復成一片裝甲板的平面設計。由於裝甲板增厚的關係，機槍球形底座也改為「50型球形機槍座」，駕駛員觀測窗也改為「50型駕駛員觀測閥門」。

▼第5裝甲師的F型戰車於1941年11月參與莫斯科入侵的「颱風行動」。表面用類似粉筆的顏料塗白，畫成冬季迷彩的樣子。

▲F型戰車的車體前面，幾乎和E型戰車相同。外觀上側面裝甲板（→的位置）稍微突出前面裝甲板。

▲在工廠中庭拍攝的F型戰車初期生產車。可清楚看到工廠出貨時的標準外部裝備。

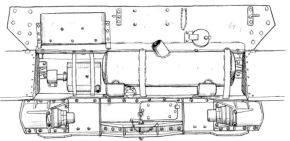

◀F型戰車的車體後面。縮短了主要引擎的消音器，輔助引擎的消音器改成方形，煙霧彈發射器支架從中央移至左側。

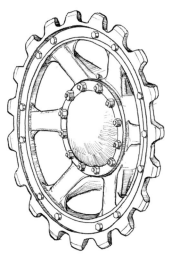

▲從F型戰車開始導入的管狀焊接構造的誘導輪，構造簡單，使生產變得容易。

▲從F型戰車開始使用適用於40cm履帶的驅動輪。設計類似E型戰車的驅動輪，但是輻條配合履帶加寬傾斜並且向外突出。

▲和第51頁照片同時期拍攝的匈牙利軍F型戰車。從左側拍攝的畫面。主砲維修中，因此也拆下天線引導架。

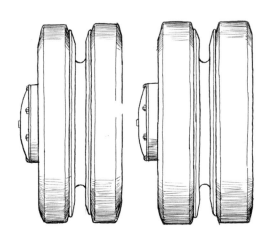

▲左圖為E型戰車的路輪，右圖為F型戰車之後的路輪。一片路輪的寬度從75mm加寬至90mm。

▲這同樣是匈牙利軍的F型戰車。可明顯看出車型特色，包括E型戰車起更換的新型車長指揮塔、由2片式門片構成的砲塔側面艙門等。後面朝向右方的車輛也是F型戰車。

第9章

IV號戰車 F2型（G型初期生產車）
Pz.Kpfw.IV Ausf.F2 (Sd.Kfz.161/1), Ausf.G Early Production

德軍急於提升IV號戰車的攻擊力而中止了F型戰車的生產，並且開始生產將主砲改為長砲管、威力強大的7.5cm Kw.K. 40 L／43車輛。當初將這款車型稱為「F2型戰車」，之後則改稱為「G型戰車」並且成為制式規格。

解説／竹內規矩夫
圖面／遠藤慧
Description : Kikuo Takeuchi
Photos : Przemyslaw Skulski, Dmitriy Kiyatkin, Mark Pellegrini, Raymond Douglas Veydt, Stratus Publishing, HMSO, Bundesarchive, NARA
Drawings : Kei Endo

【 IV 號戰車 F2 型 性能規格 】

車長：6.630m
車寬：2.880m
車高：2.680m
最小離地高度：0.400m
重量：23.6 噸
士兵：5 名（車長、砲手、裝填手、無線電通訊員、駕駛員）
武裝：7.5cm Kw.K. 40 L／43
　　　彈藥 87 發
　　　7.92mm MG 34 機槍 2 挺（同軸、球形底座）
引擎：邁巴赫 HL 120 TRM
　　　V 型 12 汽缸水冷汽油引擎
最大輸出功率：265 馬力
變速器：ZF S.S.G. 76
　　　　6 個前進檔、1 個倒退檔
最大速度：42km/h（公路）
平均速度：公路 25km/h、越野 20km/h
燃料儲存容量：470L
續航力：公路 210km、越野 130km
車體裝甲厚度：8～50mm
戰鬥室裝甲厚度：8～50mm
砲塔裝甲厚度：8～50mm

▲美國陸軍軍械博物館（又名「阿伯丁戰車博物館」）展示的F2型戰車（G型戰車初期生產車）。這是在非洲突尼西亞接收的車輛，目前保存在本寧堡的美國陸軍裝甲騎兵博物，並未對一般大眾公開。

F2型（G型初期生產車）的開發與生產

直到F型戰車所搭載的戰車砲都是7.5cm Kw.K. L／24，在反戰車對戰時使用穿甲彈，具有在距離700m處擊穿43mm（角度為30度，以下皆同）厚的能力，一般認為這足以擊敗IV號戰車開發當時的假想敵，也就是英國和法國的戰車。但是1941年6月在巴巴羅薩行動中，卻遇上裝甲堅固的蘇聯戰車，分別是最大厚度為90mm的KV-1重型戰車，和最大厚度為52mm的T-34中型戰車，尤其是後者，因為傾斜裝甲擁有高傾斜度。另外，這兩種戰車的主砲76.2mm戰車砲，在距離1000m處就可貫穿60mm的厚度，不論是當時的主要戰力III號戰車，或是IV號戰車都無法應對。因此直到新型戰車（之後的豹式戰車）出現期間，德軍迫切

砲口制退器安裝的是球形單室規格。

主砲改為7.5cm Kw.K. 40 L／43的規格，同時也變更了緩衝器裝甲護板和裝甲套筒。

隨著砲管加長，添加了可拉長使用的清潔桿裝備。

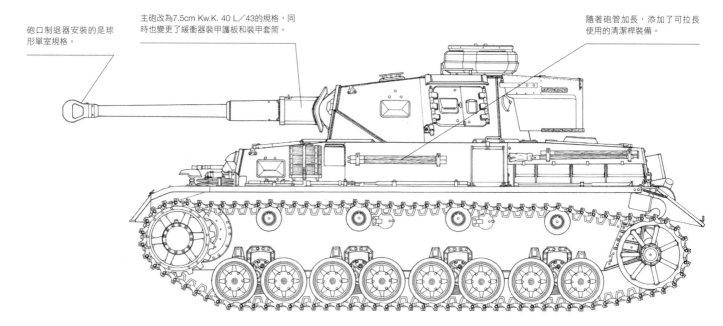

▲1942年在蘇聯克里米亞半島庫班橋頭堡,以當時相當珍貴的彩色照片拍下的F2型戰車(G型初期生產車)。這是隸屬第14裝甲師第36戰車隊的戰車「431」號車,前方的「424」號車從另一張照片看來是F1型(F型)戰車。

▲1942年9月6日,英軍在北非擊敗的F2型(G型初期生產車)戰車。上方的戰鬥室變形掉落在引擎室,車體前面安裝許多備用履帶。

需要擁有能夠擊敗蘇聯戰車的戰車攻擊力,而且刻不容緩。

Ⅲ號戰車從1941年12月就開始生產搭載了5cm Kw.K. 39 L/60砲的L型,但是威力不足而在1942年3月提出,將Ⅳ號戰車的砲塔搭載在Ⅲ號戰車的構想。但是因為超重而判斷無法實現,最後演變成優先加強Ⅳ號戰車F型的攻擊力。

主砲決定以7.5cm Pak 40的反戰車砲為基礎,改造成適用於戰車的長砲管7.5cm Kw.K.40 L/43。為了將主砲收進Ⅳ號戰車的砲塔容積,經過緩衝器位置移動等改造,並且為了方便讓發射的砲彈應用在狹窄的戰車內部,重新製造出又短又粗的7.5cm砲彈。穿透力大幅提升,可在距離1000m處穿透82mm厚的裝甲,從1942年3月起開始生產搭載這種戰車砲的

車輛「F2型戰車」。

德軍為了區別,將過去搭載短砲管7.5cm Kw.K. L/24的F型戰車歸類為「F1型戰車」,1942年7月統一將F1型戰車稱為「F型戰車」,將F2型戰車稱為「G型戰車」。另外,持續由古魯柏格魯森工廠、沃瑪格、尼伯龍根工廠三家公司負責生產,直到1943年6月總共製造了1927輛G型戰車。

本書將生產開始不久,約於1942年3月到8月生產400輛左右的G型戰車,稱為「F2型戰車」或「G型初期生產車」。

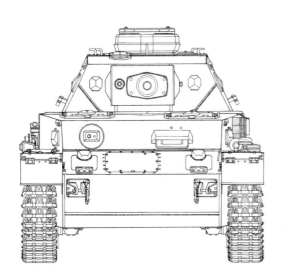

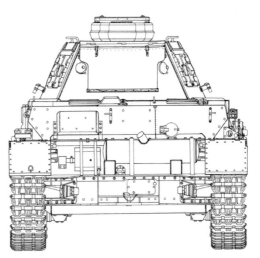

1942年6～7月,引擎室有通風格柵的艙門成了標準裝備。格柵部分的形狀不同於直到F型戰車使用的Trop.規格。

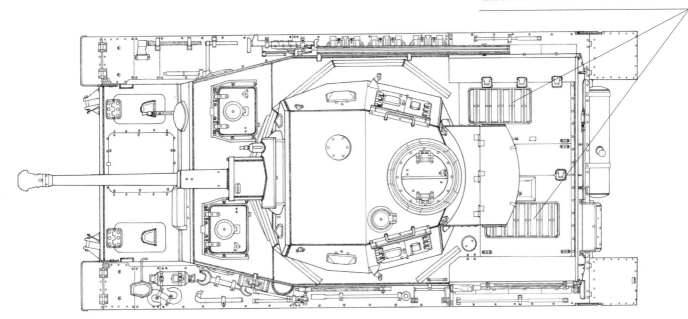

◀1942年夏天，在高加索地區展開「藍色方案」時的F2型（G型初期生產車）戰車「324」號車。可觀察到許多有趣的細節，例如戰鬥室左側和引擎室左側分別裝備的2根清潔桿、砲塔側面安裝的備用路輪等。

▲從左前方觀看阿伯丁戰車博物館展示車。砲塔和戰鬥室右側為了展示內部，拆除了裝甲板，並且全部換成金屬網。

▲1942年東部戰線的F2型（G型初期生產車）戰車。隸屬於第12裝甲師的「611」號車，為了讓車輛走在泥濘道路上不會陷入泥沼中，左右兩側的擋泥板前端都往上掀。

▶釋放煙霧彈前進中的F2型（G型初期生產車）戰車。推測這應該是在訓練中的照片，戰鬥室和車體前面都焊接了30mm厚的附加裝甲板。

▲1942年12月英軍在埃及塞盧姆擊敗的F2型（G型初期生產車）戰車。駕駛員觀測窗的裝甲護板上寫有車體編號「83018」，是沃瑪格公司於1942年6月左右製造的車輛。車體前面上方焊接了備用履帶架。

▲從阿伯丁戰車博物館展示車的砲塔上面觀看主砲底座。緩衝器裝甲護板從F型戰車使用的圓弧形狀，變成稍微方形的形狀。砲盾內側中央焊接了支撐擋塊。

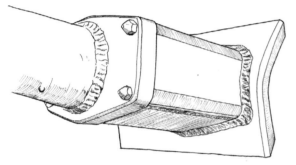

▲改裝成7.5cm Kw.K. 40 L／43戰車砲的主砲緩衝器裝甲護板，側面上下都呈現斜向的切割加工。

▲砲塔前面。基本構造和F型戰車並無不同，但是阿伯丁戰車博物館展示車已廢除前面右側裝填手的觀測窗。

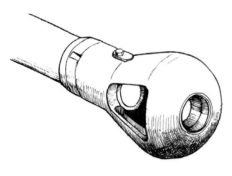

▲導入7.5cm Kw.K.40 L／43戰車砲時，砲口安裝的是單室砲口制退器。1942年9月左右起改為多室規格。

▶1944年9月7日，英軍第46步兵師在北義大利「綠線」（哥德防線）擊敗的F2型（G型初期生產車）戰車。砲管的砲口制退器後面畫有3條白線的擊殺標誌。

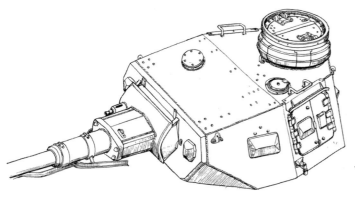

▲F2型（G型初期生產車）戰車生產當初的砲塔，主砲砲盾周圍以外部分都依照F型戰車的規格。砲管下面的天線引導架種類多樣，除了有如插圖般改造成適合短砲管的規格，還有新型設計的規格。

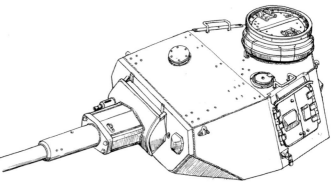

▲1942年4月起，為了提升防護力，取消砲塔兩側和前面右側的觀測窗安裝。暫時以並行生產的形式持續，直到10月已完全廢止。

▲阿伯丁戰車博物館展示車的前面。車體上面有標準的備用履帶架裝備，另外還在戰鬥室前面2處追加焊接了備用履帶架。

▲砲塔右側的裝填手艙門。前方的門片有觀測窗，後方有開關式的機槍口。艙門前面下方的艙門擋塊前端已折斷。

▲從前方觀看車長指揮塔。觀測口的裝甲護板從內部往上下滑動。焊接在正面的針狀條片為車長用來指示方位。

▲從左上方觀看車長指揮塔，頂面為左右2片的半圓形門片。上層環圈的側面開孔為雨水排出口。

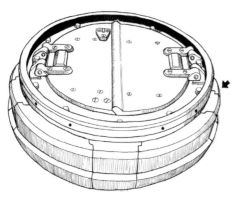

◀從E型戰車開始，砲塔上面就安裝和III號戰車G型通用的車長指揮塔。頂面艙門設計成2片往左右打開的半圓形門片。這是直到1943年1月左右都有的裝備。

▲F2型（G型初期生產車）戰車的車體前面。和F型戰車相同，由前面上方50mm厚，下方30mm厚的裝甲板構成。

▲阿伯丁戰車博物館展示車的車體前面左側。最終減速箱的前面有20mm厚的裝甲護板。從F型戰車開始安裝有許多尖頭鉚釘的規格。

▲1942年11月2日，在北非遭到擊敗的F2型（G型初期生產車）戰車。德軍放棄回收的念頭，將車輛爆破處理，戰鬥室上面的整座砲塔都已垂直彎曲，不過也因此能夠看到從一般角度難以觀看到的砲塔上面。

▼車體右側。戰鬥室右側安裝了可立式天線桿、天線收納架和鏟子。擋泥板上安裝3組備用履帶架。

▶車體左側開始裝備容量為2個的備用路輪架。圖示為沒有垂直固定桿的初期規格，古魯柏格魯森工廠從1942年5月起開始安裝，沃瑪格公司從6月起開始安裝。

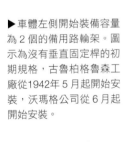

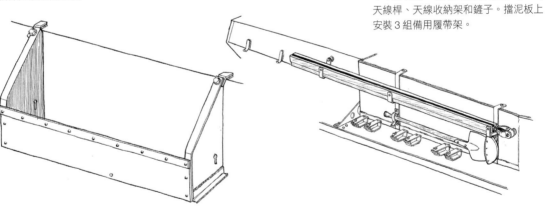

▶阿伯丁戰車博物館展示車的車體右側。外部裝備幾乎都已遺失，天線安裝位置為一個開孔。車體下方有當成附加裝甲焊接備用履帶的痕跡。

▲兼具履帶鬆緊調整裝置的誘導輪底座，這是 F 型戰車以前就安裝的規格，上下都有焊接補強肋。

▲1942年11月 2 日，在北非遭到擊敗的F2型（G型初期生產車）戰車。從後方的角度觀看第59頁照片中的同一輛車，可看到車體後面上方左側的煙霧彈發射器支架，以及下方中央的牽引鉤等。

▲車體後面左側。從 F 型戰車起，輔助消音器改成方狀箱型。排氣口安裝在消音器下方，可看到車體下方中央新裝設了冷卻水加熱器插入口的圓形艙門。

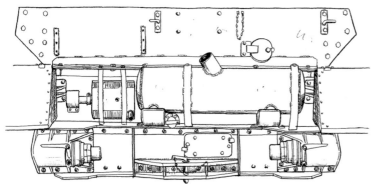

▲延續 F 型戰車的車體後面。1942年 2 月，F 型戰車生產末期時，廢止了煙霧彈發射器支架。

▶車體後面中央。從 F 型戰車起縮短了主要消音器的寬度，筒狀外殼已被腐蝕，所以露出排氣管等內部構造。

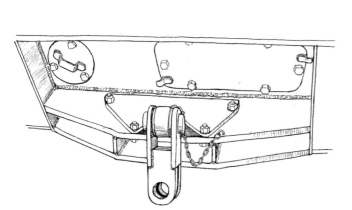

▲1941年 6 月起，牽引座開始安裝油彈拖車的牽引鉤。

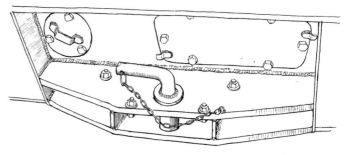

▲車體後面下方的牽引座。拖車插銷以防止遺失的鏈條和車體相連。

▲車體後面右側。右側擋泥板後端安裝原本零件，表面文字應該是阿伯丁戰車博物館的管理編號。

▲從右側觀看車體後面。固定擋泥板後端的螺旋彈簧已遺失，擋泥板上放置的備用履帶架原本裝備在車體左側。

▲從左後方觀看車體後面，引擎室左側的清潔桿安裝架可收納4根的數量。

▲車體後面左側的擋泥板下可看到牽引鉤，擋泥板後端內側會影響牽引作業的部分稍微向外突出。

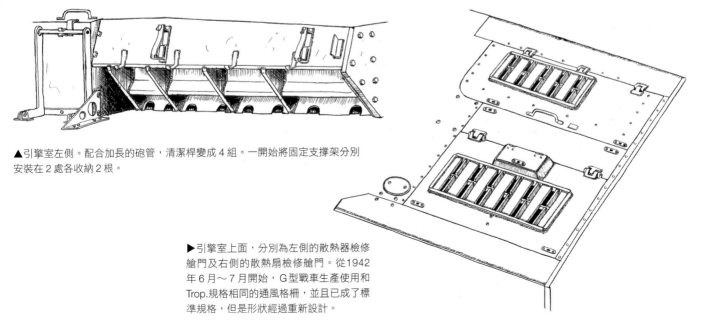

▲引擎室左側。配合加長的砲管，清潔桿變成4組。一開始將固定支撐架分別安裝在2處各收納2根。

▶引擎室上面，分別為左側的散熱器檢修艙門及右側的散熱扇檢修艙門。從1942年6月～7月開始，G型戰車生產使用和Trop.規格相同的通風格柵，並且已成了標準規格，但是形狀經過重新設計。

F2型（G型初期生產車）戰車最初生產時，除了搭載的主砲之外，其他幾乎都和F型戰車的規格相同，不過在生產期間經過各方面的改良，包括附加裝甲的增加、適用寒帶地區的裝置成為標準裝備、天線位置的變更等。

解說／竹內規矩夫
圖面／遠藤慧
Description : Kikuo Takeuchi
Photos : Przemyslaw Skulski, Graeme Moulineux, Vitaliy V. Kuzmin, George Papadimitriu, Jacek Szafranski, Mike1979Russia, Yuri Pasholok, Konstantin Popov, Tomasz Szulc, Alan Wilson, HSMO, RGAKFD, Bundesarchive, NARA
Drawings : Kei Endo

【 IV號戰車 G 型 中期生產車 性能規格 】
車長：6.630m
車寬：2.880m
車高：2.680m
最小離地高度：0.400m
重量：23.6 噸
士兵：5 名（車長、砲手、裝填手、無線電通訊員、駕駛員）
武裝：7.5cm Kw.K. 40 L／43
　　　彈藥 87 發
　　　7.92mm MG 34 機槍 2 挺（同軸、球形底座）
引擎：邁巴赫 HL 120 TRM
　　　V 型 12 汽缸水冷汽油引擎
最大輸出功率：265 馬力
變速器：ZF S.S.G. 76
　　　　6 個前進檔、1 個倒退檔
最大速度：42km/h（公路）
平均速度：公路 25km/h、越野 20km/h
燃料儲存容量：470L
續航力：公路 210km、越野 130km
車體裝甲厚度：8～50+30mm
戰鬥室裝甲厚度：8～50+30mm
砲塔裝甲厚度：8～50mm

▲澳洲凱恩斯澳洲裝甲兵和砲兵博物館（AAAM）展示的 G 型中期生產車。雖然是由不同車輛零件組成的復原車輛，但是還原度極高。

G型戰車中期生產車的特色

IV號戰車 G型（Pz.Kpfw.IV Ausf.G、Sd.Kfz.161/2）計畫生產的數量包括 F 型戰車中止後剩餘的 227 輛「第七款支援戰車」（7./BW），以及新委託的 1700 輛「第八款支援戰車」（8./BW）。從 1942 年 3 月開始生產，直到 1943 年 6 月

總共生產了 1927 輛。

開始生產之後的 1942 年 4 月起，決定廢除砲塔兩側和前面右側的觀測窗。但是為了用完已經製造的砲塔裝甲板，並行製造了裝有觀測窗的車輛，因此直到 10 月左右才完全廢除這項設計。從 5 月起車體和戰鬥室前面開始加裝 30mm 厚的附加裝甲板。初始僅限於部分車輛，一直到了 1943 年 1 月已

經導入所有的生產車輛。另外，5 月到 6 月之間，在擋泥板左側新裝設有 2 個容量的備用路輪架，車體前面上方還加裝了可裝備 7 個備用履帶的履帶架。從 6 月到 7 月，在引擎室檢修艙門加上 Trop. 規格的通風格柵成了標準裝備。

1942 年 9 月起，戰車外觀已有了顯著的變化。主砲前端的砲口制退器從單室改為多

主砲改用多室砲口制退器。

1942 年 4 月～10 月，廢除了砲塔兩側的觀測窗。

1942 年 11 月起，天線移至引擎室左側後端（圖面為尚未改裝的狀態。直到 1943 年 5 月已完全實施）。

1942 年 5～6 月，新裝設了備用路輪架。

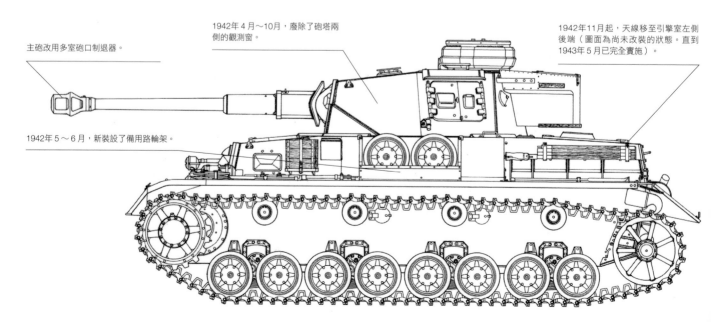

室。廢除了左側擋泥板前面的防空燈，而在左右兩邊的擋泥板各安裝一盞砲彈型前大燈。另外，為了讓生產更加簡易，廢除了車體上面駕駛員和無線電通訊員／機槍手艙門的圓形通訊艙門。在這個時期針對蘇聯等東部戰線，引擎冷卻水加熱器等寒帶地區的設備成了標準裝備，在冬天來臨之前，寒帶地區部隊的車輛也都安裝了冬季履帶（冬季用履帶）。11月時決定廢除戰鬥室右側的可

立式天線，而將其移至引擎室的左側後端。這時也廢除了主砲管下方的天線引導架，因為將天線座從板片彈簧改為彈性更佳的橡膠製品。

本書將1942年9月左右到1943年1月前後生產的約600輛G型戰車，稱為「G型中期生產車」並加以解說。

▲1942年12月，在蘇聯史達林格勒近郊參與「冬季風暴作戰」的G型中期生產車。履帶安裝了寬度較寬的「冬季履帶」。

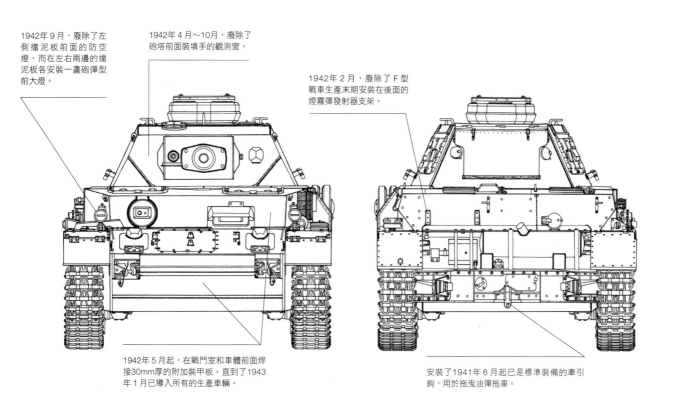

1942年9月，廢除了左側擋泥板前面的防空燈，而在左右兩邊的擋泥板各安裝一盞砲彈型前大燈。

1942年4月～10月，廢除了砲塔前面裝填手的觀測窗。

1942年2月，廢除了F型戰車生產末期安裝在後面的煙霧彈發射器支架。

1942年5月起，在戰鬥室和車體前面焊接30mm厚的附加裝甲板。直到了1943年1月已導入所有的生產車輛。

安裝了1941年6月起已是標準裝備的牽引鉤，用於拖曳油彈拖車。

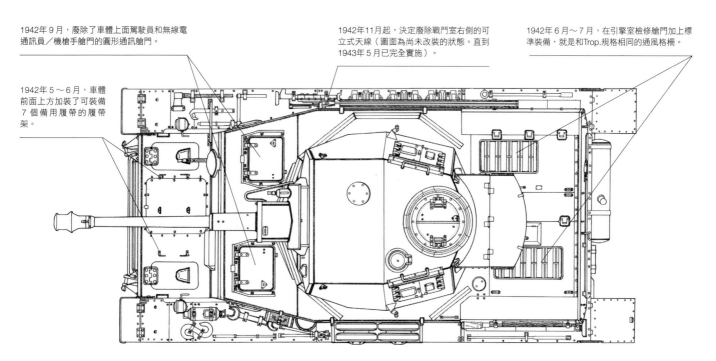

1942年9月，廢除了車體上面駕駛員和無線電通訊員／機槍手艙門的圓形通訊艙門。

1942年11月起，決定廢除戰鬥室右側的可立式天線（圖面為尚未改裝的狀態。直到1943年5月已完全實施）。

1942年6月～7月，在引擎室檢修艙門加上標準裝備，就是和Trop.規格相同的通風格柵。

1942年5～6月，車體前面上方加裝了可裝備7個備用履帶的履帶架。

◀德國蒙斯特戰車博物館展示的G型中期生產車。車體編號83072為1942年9月左右沃瑪格公司製造的車輛。隸屬於第15裝甲師第8戰車隊，編列在北非軍隊，1942年底為英軍擄獲。

▶德國蒙斯特戰車博物館展示車在1960年由英國歸還給德國，直到2012年已修復至可運行的狀態。有部分更換成現代的零件，但是基本上修復時都妥善保存了原本零件。

▼1942年12月29日，在開羅受到英軍GHQ檢查的G型中期生產車。從前面沒有附加裝甲，以及砲塔兩側有觀測窗等共同點來看，這很可能是之後歸還給德國的德國蒙斯特戰車博物館展示車。

▲1943年初，添加冬季迷彩並安裝寬版冬季履帶，在史達林格勒附近作戰的G型中期生產車。車體左側的備用路輪架，是沒有路輪固定桿的舊型規格（請參考第59頁的圖示）。

▶澳洲裝甲兵以及砲兵博物館
（AAAM）的展示車，並非將某
輛特定車型修復還原，而是集結
歐洲各地古戰場的零件為基礎加
以重組，甚至修復至可以運行的
狀態。

◀澳洲裝甲兵以及砲兵博物館
（AAAM）展示的車，推測是還原了
1942年秋天左右製造的G型中期生
產車。判斷依據來自前面雖然沒有安
裝附加裝甲，但是砲塔兩側的觀測窗
都已廢除，還有車體上面安裝了備用
履帶架等特色。

▲供應給羅馬尼亞軍的G型中期生產車。沒有附加
裝甲，安裝舊型的備用路輪架。後方車輛推測應是
III號戰車N型。德軍之後也有供應羅馬尼亞軍H型
和J型戰車。

▼1943年3月在哈爾科夫近郊移動的G型中期生產車「128」號車，
隸屬於武裝親衛隊。因為沒有安裝備用履帶，可確認出戰鬥室和車
體的前面有安裝附加裝甲。

▶展示在俄羅斯庫賓卡「愛國者公園」的G型中期生產車。這輛戰車之前展示在庫賓卡戰車博物館，車體編號為82937，砲塔編號為82993。這是古魯柏格魯森工廠於1942年10月左右製造的車輛。

▼1943年夏天，參與庫斯克會戰的第20裝甲師第21戰車隊G型中期生產車，砲管有砲彈擊穿孔。砲塔和車體都有安裝裝甲側裙，但是並未移走車體右側的天線。

▲庫賓卡戰車博物館展示車編列在第23裝甲師第201戰車隊，1943年1月遭到蘇聯軍擊敗擄獲。為了訓練經過重建，直到現在還維持可以運行的狀態。備用路輪架為舊型規格，但車體前面已有安裝附加裝甲。

◀1943年8月進入西西里島的第215戰車隊G型中期生產車。推測這是1943年初製造的車輛，砲塔上面的車長指揮塔，其左前方的通訊艙門有覆蓋上封閉用的長條薄板。

▶德國蒙斯特戰車博物館展示車的砲塔前面左側。其左右兩邊都裝有觀測窗,緩衝器裝甲護板為省略倒角設計的規格。

▲砲盾底座的左側。砲盾左側的瞄準口內部有段差設計。

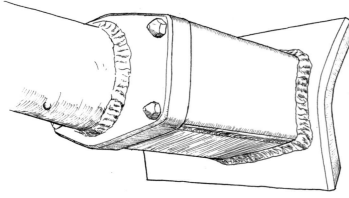

◀G型中期生產車的砲管底座。製造時似乎省略了緩衝器裝甲護板側面上下的倒角設計(請參考第57頁的圖示)。

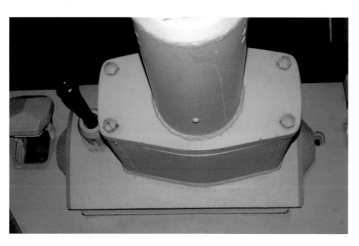

▲砲盾底座下面。緩衝器裝甲護板和上面一樣,都是焊接經過彎曲加工的裝甲板構成。

▲從左側觀看砲盾。砲盾的裝甲厚度和砲塔前面同為50mm,並且經過表面硬化處理。

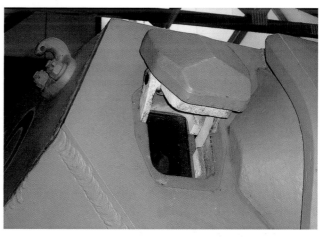

▲砲盾右側正面。這輛車搭載了同軸機槍,但是槍管伸出的長度比實際突出。

▲前面右側裝填手觀測窗打開的樣子。這個觀測口從1942年4月～10月依序廢止。

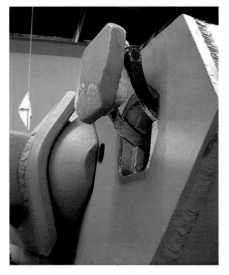

▲德國蒙斯特戰車博物館展示車的砲塔前面左側。砲手觀測窗打開的樣子。

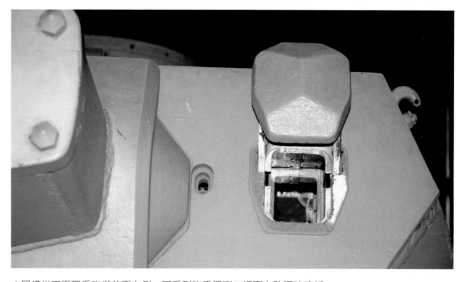

▲同樣從正面觀看砲塔前面左側，可看到砲手觀測口裡面有防彈玻璃板。

◀從右側觀看澳洲裝甲兵和砲兵博物館（AAAM）展示車的砲盾。同軸機槍前端從砲盾突出的長度適中。已經廢除裝填手觀測窗。

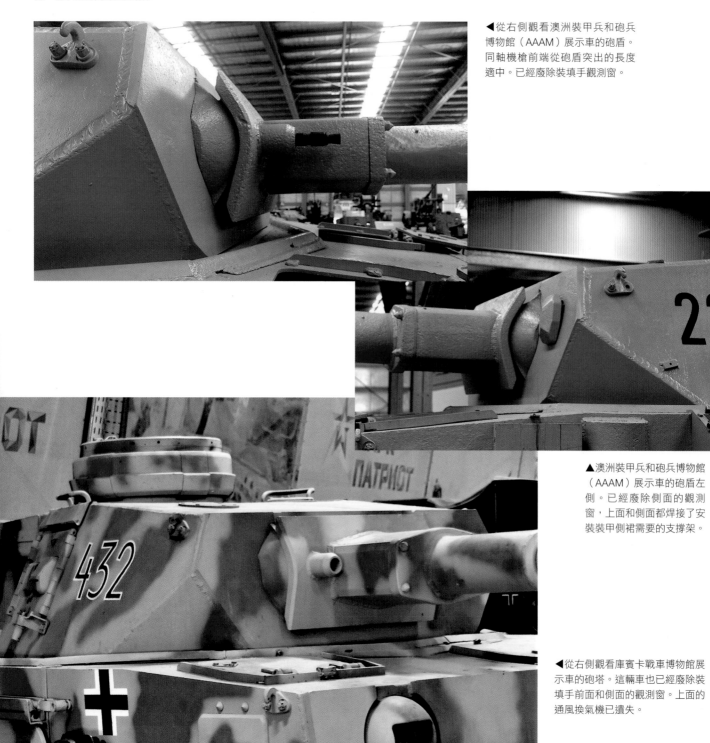

▲澳洲裝甲兵和砲兵博物館（AAAM）展示車的砲盾左側。已經廢除側面的觀測窗，上面和側面都焊接了安裝裝甲側裙需要的支撐架。

◀從右側觀看庫賓卡戰車博物館展示車的砲塔。這輛車也已經廢除裝填手前面和側面的觀測窗。上面的通風換氣機已遺失。

▼砲管底座左側。砲管的裝甲套筒有 2 處開孔。

▲澳洲裝甲兵和砲兵博物館（AAAM）展示車的砲管前端。從1942年 9 月左右開始，導入多室砲口制退器，有前後 2 段的排氣口。

▼從左後方觀看庫賓卡戰車博物館展示車的砲口制退器。各部分的剖面幾乎都是圓形。

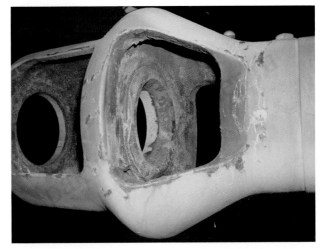

▲庫賓卡戰車博物館展示車的砲管前端。砲口制退器為多室規格，但是和澳洲裝甲兵和砲兵博物館（AAAM）展示車的形狀不同。

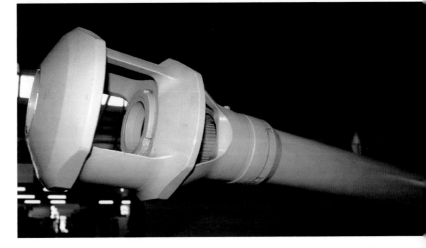

▲德國蒙斯特戰車博物館展示車的砲管前端。砲口制退器為多室規格，砲管前端因為有往兩側突出的板狀設計而呈方形的形狀。

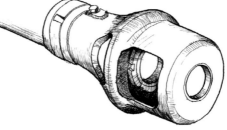

▲從正面觀看德國蒙斯特戰車博物館展示車的砲管前端。雖然砲管前端正面近似圓形，但是上下側的倒角形成突出的稜角。

◀1942年 9 月起開始安裝多室砲口制退器，取代了原本的單室規格。

◀德國蒙斯特戰車博物館展示車的砲塔左前方。側面有砲手的觀測窗，上面寫有車輛編號「413」。

▼砲塔左側的砲手艙門周圍。從E型戰車起加寬了砲塔的後面，吸收了車長指揮塔下面突出的部分，同時艙門後方側面和砲塔後面的接合線從前傾變成垂直。

▲砲塔左側。側面的觀測窗、2片式門片的砲手艙門、砲塔後方的儲物箱等部分，維持和F戰車幾乎相同的規格。

▲砲塔左側。黑色數字重疊處或許不易分辨，但是裝甲護板表面有3處從內側固定觀測窗的鉚釘。

▲左側的砲手艙門放大圖。從F型戰車開始，側面艙門改成和III號戰車一樣，為前後2片式門片的結構。前方較厚，關閉時會重疊在後方門片之上。

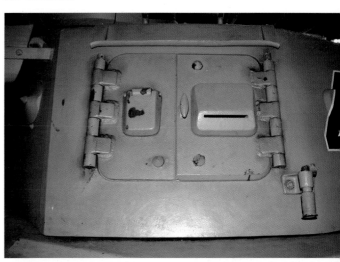

▲右側的裝填手艙門。右側也是前方門片較厚，上方有雨水從兩端往下流的雨水槽。

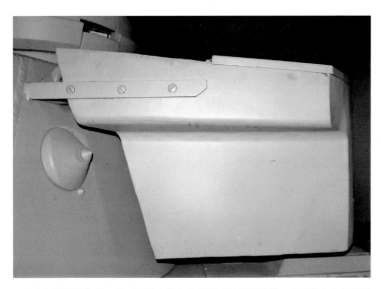

▲右側前方。裝填手觀測窗和左側的砲手觀測窗相比，沒有觀測縫，內側固定用的鉚釘也分別位於上下各2處。

▲從左側觀看儲物箱。從E型戰車的生產期間成了標準裝備，G型戰車也持續沿用。

▼從右後方觀看儲物箱。在儲物箱上方的左右2處和下方1處，共計3處用螺絲鎖在焊接帶板，以便固定在砲塔。

▲右側裝填手艙門前面下方的艙門擋塊。從E型戰車開始就在這個位置，即便從F型戰車起將艙門改成2片式的門片結構，位置依舊不變。

▲德國蒙斯特戰車博物館展示車的儲物箱後面。儲物箱是修復時重新製作的部分,當年製造的儲物箱,其固定上蓋的鎖扣除了中央一處之外,還有左右2處。

▲從左側觀看儲物箱。可看出為了避開砲塔後面的吊鉤和機槍口,而留有間隙和內凹的設計。

▲從右側觀看儲物箱。砲塔後面有很大的空隙。

▲從右後方觀看砲塔後面。砲塔側面和後面的裝甲從F型戰車開始就增厚至30mm。後面左右兩側的機槍口並非一個往左一個往右地打開關閉,其相同零件都是往同一個方向打開關閉。

▲從右側觀看澳洲裝甲兵和砲兵博物館(AAAM)展示車的儲物箱。這輛車也是安裝修復時重新製造的裝備,但是側面和螺栓固定在下方的天線引導架,其還原程度已經很接近實物的規格。

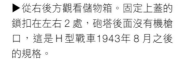

▶從右後方觀看儲物箱。固定上蓋的鎖扣在左右2處,砲塔後面沒有機槍口,這是H型戰車1943年8月之後的規格。

▼砲塔左側，已經廢除側面砲手觀測窗。砲手艙門呈打開的狀態，請注意前側門片的觀測窗板塊和內側防彈玻璃底座的角度。

▲砲塔左側的前側門片，上下有關閉時的上鎖把手。中央箱型部分為防彈玻璃的底座架，下方的艙門擋塊為固定門片的位置。

◀左側砲塔側面的艙門擋塊。本體的稜角部分擋住門片，再以圓筒狀插銷固定。

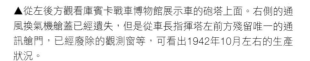

▲從左後方觀看庫賓卡戰車博物館展示車的砲塔上面。右側的通風換氣機艙蓋已經遺失，但是從車長指揮塔左前方殘留唯一的通訊艙門，已經廢除的觀測窗等，可看出1942年10月左右的生產狀況。

▼從左側觀看儲物箱上面。上蓋鉸鏈位在3處，將儲物箱安裝於上方砲塔的固定條片，並不是直接焊接在砲塔，而是將固定條片夾在砲塔和吊鉤之間，再用螺栓固定。

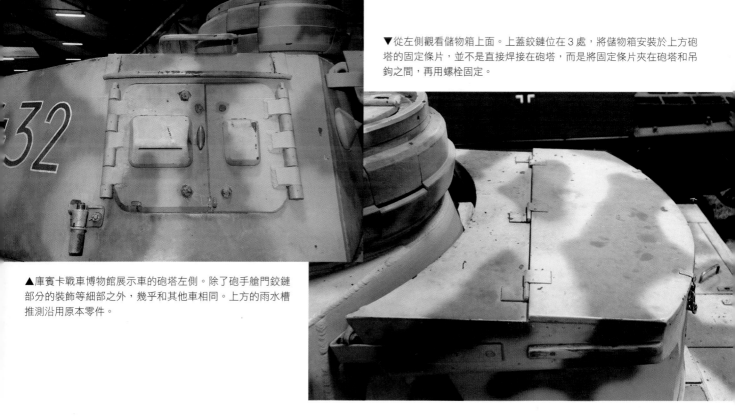

▲庫賓卡戰車博物館展示車的砲塔左側。除了砲手艙門鉸鏈部分的裝飾等細部之外，幾乎和其他車相同。上方的雨水槽推測沿用原本零件。

▲艙門緊閉的砲塔右側。

▲庫賓卡戰車博物館展示車的砲塔右側。裝填手的艙門呈打開狀態，以展示7.5cm戰車砲的砲尾等砲塔內部。

◀德國蒙斯特戰車博物館展示車的車體前面。除了在上面添加備用履帶架之外，維持了安裝附加裝甲前的初期生產車狀態。

▲車體右前方的牽引座。前面經過削切，並焊接上短桿的樣子。

▲澳洲裝甲兵和砲兵博物館（AAAM）展示車的車體右前方牽引座，使用的是原本的零件裝備，但是澳洲裝甲兵和砲兵博物館（AAAM）展示車並未在最終減速箱前安裝裝甲護板。

▲德國蒙斯特戰車博物館展示車的車體右側前端。在 F 型戰車將車體側面裝甲板增厚至30mm時，側面裝甲板會比前面裝甲板稍微突出一些，並且在最終減速箱前方安裝裝甲護板。

▲庫賓卡戰車博物館展示車的車體前面。車體焊接上30mm厚附加裝甲板，還在最終減速箱安裝了裝甲護板。牽引座安裝的並非原本零件。

▲車體左側前端。可看到最終減速箱重疊安裝了 2 片裝甲護板。

▲從下方觀看車體前面。前面上方和下方因為附加裝甲板呈現段差。下方中央有焊接板片的痕跡，但不確定板片的用途。

▼車體前面設有備用履帶架。左右兩側牽引座之間焊接了支撐架和橫桿，用來安插備用履帶。

▲G型中期生產車的車體前面。1942年 5 月起，車體前面開始焊接上30mm厚的附加裝甲板。附加裝甲板為了避開牽引座的部分設計了缺口。

◀1943年在蘇聯哈爾科夫的街道上被擊敗
的G型中期生產車。據說是武裝親衛隊所
屬的車輛,戰車嚴重損毀,但可清楚看到
前面附加裝甲安裝的狀況。

▲德國蒙斯特戰車博物館展示車的車體前面。裝有備用履
帶,不過連戰鬥室前面都沒有安裝附加裝甲。

▲庫賓卡戰車博物館展示車的車體前面。這是當時還展示在
庫賓卡戰車博物館室內的照片。除了有安裝附加裝甲,還有
搭載備用履帶。

▼澳洲裝甲兵和砲兵博物館(AAAM)展示車的車體前側上
面。上面的裝甲板似乎是重新製作的零件,不過每個檢修艙
門都是安裝原本的零件。

▲庫賓卡戰車博物館展示車的車體前側上面。左右兩側的剎
車檢修艙門緊密關閉的樣子。

▲德國蒙斯特戰車博物館展示車的車體前面上方左側。可清楚看到各個裝甲板的焊接交界。

▲右側擋泥板。前端為可掀式,可利用安裝在內側側面的彈簧上掀固定。

▲從左側觀看車體前面。從1942年6月開始導入總共可搭載7片容量的備用履帶架。左端和中央利用履帶插銷固定履帶架。

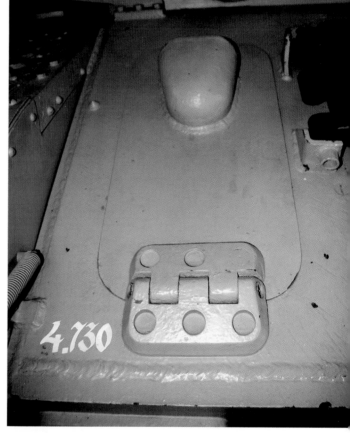

▲右側剎車檢修艙門。前方的鉸鏈是從E型戰車開始導入的強化規格,同時艙門也和車體上方的裝甲板設計在同一平面。

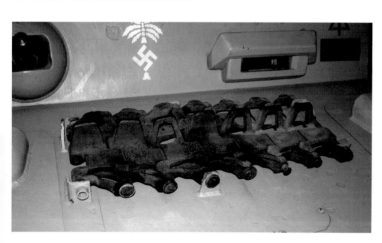

▲從前方觀看備用履帶架。右端的履帶架有焊接管子,可將管子插入履帶插銷孔固定。

▶左側擋泥板前面內側。從前側上面裝甲板突出的管子是連接到前大燈所需的配線。

▲安裝在左側擋泥板前面的圓形喇叭和防空燈。防空燈為原本零件,但是喇叭是安裝類似的零件,甚至沒有安裝管線。

77

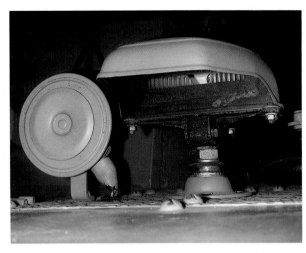

▲從下面觀看防空燈。亮燈部分的玻璃中央似乎有些微受損,防空燈也可以參考第18頁的照片。

▲安裝在德國蒙斯特戰車博物館展示車左側擋泥板的防空燈。從形狀和頂面的刻印等推測為原本零件。

◀從正面觀看德國蒙斯特戰車博物館展示車的右側擋泥板。鉸鍊門軸的把手用於將前端部分掀起時。

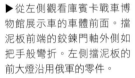

▶從左側觀看庫賓卡戰車博物館展示車的車體前面。擋泥板前端的鉸鍊門軸外側如把手般彎折。左側擋泥板的前大燈沿用俄軍的零件。

▼右側擋泥板前側上面。有安裝外部裝備的小型斧頭,不同於原本裝備。

▲靠近戰鬥室前面支撐右側擋泥板的支撐架。這個支撐架是從G型生產期間的1942年6月左右開始導入,但是在F型戰車也可看到安裝範例。

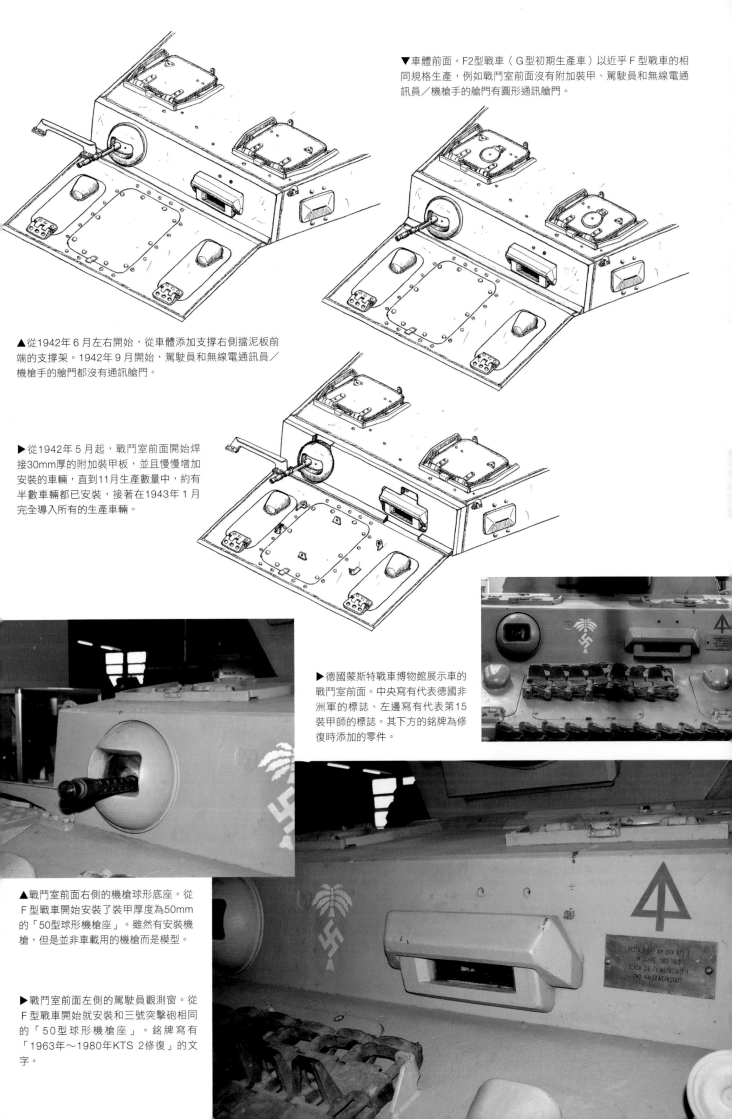

▼車體前面。F2型戰車（G型初期生產車）以近乎F型戰車的相同規格生產，例如戰鬥室前面沒附加裝甲、駕駛員和無線電通訊員／機槍手的艙門有圓形通訊艙門。

▲從1942年6月左右開始，從車體添加支撐右側擋泥板前端的支撐架。1942年9月開始，駕駛員和無線電通訊員／機槍手的艙門都沒有通訊艙門。

▶從1942年5月起，戰鬥室前面開始焊接30mm厚的附加裝甲板，並且慢慢增加安裝的車輛，直到11月生產數量中，約有半數車輛都已安裝，接著在1943年1月完全導入所有的生產車輛。

▶德國蒙斯特戰車博物館展示車的戰鬥室前面。中央寫有代表德國非洲軍的標誌、左邊寫有代表第15裝甲師的標誌。其下方的銘牌為修復時添加的零件。

▲戰鬥室前面右側的機槍球形底座。從F型戰車開始安裝了裝甲厚度為50mm的「50型球形機槍座」。雖然有安裝機槍，但是並非車載用的機槍而是模型。

▶戰鬥室前面左側的駕駛員觀測窗。從F型戰車開始就安裝和三號突擊砲相同的「50型球形機槍座」。銘牌寫有「1963年～1980年KTS 2修復」的文字。

▲德國蒙斯特戰車博物館展示車的機槍球形底座。這張照片呈現了機槍已經拆除的狀態，大的開孔為機槍口，小的開孔為瞄準口。

▲同樣是德國蒙斯特戰車博物館展示車的機槍球形底座。周圍有安裝防水罩所需的邊框，擋泥板支撐架底座並非和車體直接相連，而是用螺栓固定在焊接於車體的支撐架。

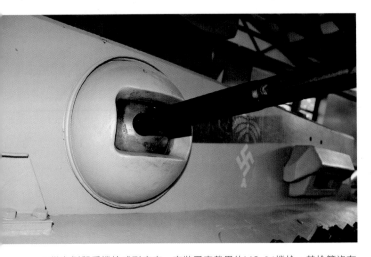

▲從右側觀看機槍球形底座。安裝了車載用的MG 34機槍，其槍管沒有圓形散熱孔而有裝甲套筒。

▲從正面觀看駕駛員觀測窗。1943年2月廢除了觀測窗上方2處的潛望鏡觀測口。

▲從稍微偏左的角度觀看駕駛員觀測窗。潛望鏡觀測口的內部為2層，實際寬度很小。

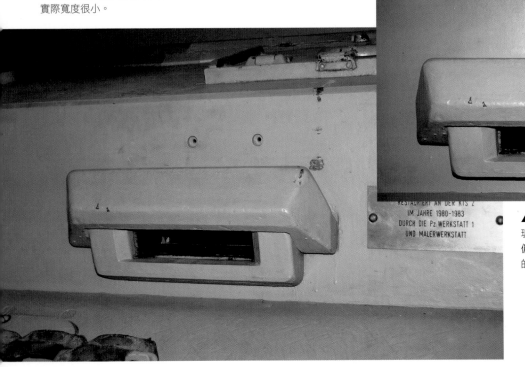

▲駕駛員觀測窗的正面。觀測口內部的防彈玻璃反射出光線。潛望鏡觀測口的位置稍微偏左，戰鬥室前面裝甲板的上側邊緣有微微的倒角設計。

▲從稍微偏右的角度觀看駕駛員觀測窗。戰鬥室前面裝甲板下方和車體上方裝甲板的斜面之間，有些許平面的部分。

▶從左側觀看駕駛員觀測窗。裝甲護板上下塊面並非對稱，上方配合前面裝甲板的角度經過削切加工。

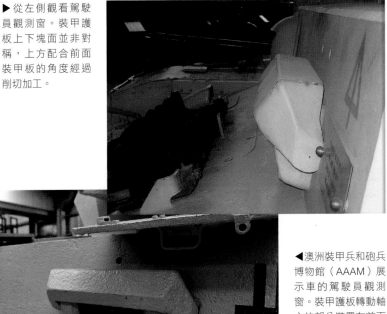

▲從左側觀看駕駛員觀測窗。裝甲護板完全打開的狀態下，以下方為轉動軸心上下開闔。

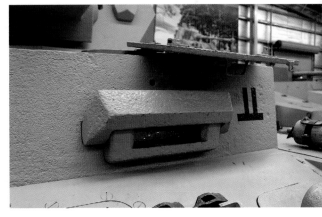

◀澳洲裝甲兵和砲兵博物館（AAAM）展示車的駕駛員觀測窗。裝甲護板轉動軸心的部分裝置在前面裝甲板的內凹處。

▲從稍微偏右的角度觀看駕駛員觀測窗。表面呈現經年累月的粗糙狀態，打開的駕駛員艙門表面附有把手。

▲從左側觀看戰鬥室前面的裝甲板。50mm厚裝甲板表面焊接30mm厚裝甲板，而且和車體上方裝甲板之間焊接了跳彈板。

▲從右側觀看庫賓卡戰車博物館展示車的車體前面。附加裝甲板在機槍球形底座分成2塊。

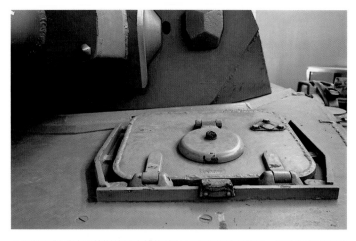

▲從前方觀看德國蒙斯特戰車博物館展示車的駕駛員艙門。這是中央還有圓形通訊艙門、1942年9月以前的規格。

▲從左側觀看駕駛員艙門。艙門前方和左右安裝了跳彈板，側面的跳彈板前端有排放雨水的間隙。

▲從左側觀看駕駛員和無線電通訊員／機槍手的艙門。所有艙門的鉸鏈都在前方，但是通訊艙門的鉸鏈在後方。

◀車體右側無線電通訊員／機槍手的艙門。車體左右艙門的設計對稱，不論哪個艙門的鑰匙孔都在車體外側。前方的跳彈板和通訊艙門上有安裝完全打開時的緩衝橡膠。

▶庫賓卡戰車博物館展示車的駕駛員艙門周圍。左右跳彈板以一字型螺絲固定，前方的跳彈板用艙門鉸鏈內側的六角螺栓固定。

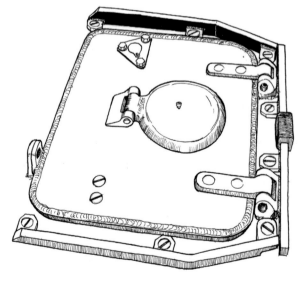

▲戰鬥室前側上面的駕駛員和無線電通訊員／機槍手的艙門。直到G型中期生產車的期間（1942年9月左右），都安裝著延續自F型戰車的圓形通訊艙門規格。

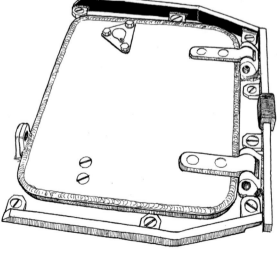

◀為了簡化生產，1942年9月開始廢除駕駛員和無線電通訊員／機槍手艙門的圓形通訊艙門。左上方的金屬零件是為了從外部穿過掛鎖的設計。

▲整個車體的左側。這張照片在拍攝時備用路輪架上有搭載2個路輪。

▶左側前半部。這時在備用路輪架有搭載便攜油桶和工具箱。

▲澳洲裝甲兵和砲兵博物館（AAAM）展示車的車體左側。這輛戰車安裝的備用路輪架為新規格，附有固定路輪的橫桿。

▲從偏後方的角度觀看庫賓卡戰車博物館展示車的車體左側。安裝了舊型的備用路輪架。

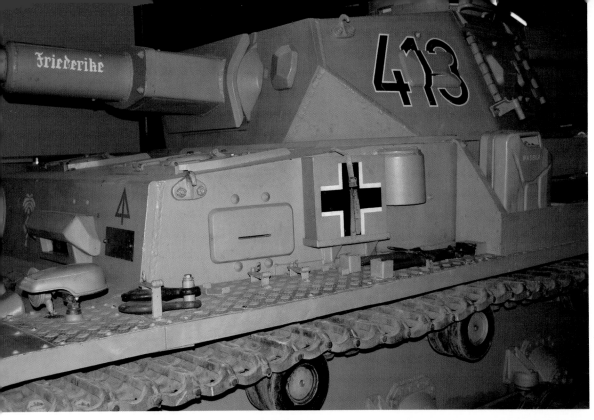

◀德國蒙斯特戰車博物館展示車的車體左側前面。戰鬥室側面可看到有觀測窗、千斤頂底座、通風口裝甲護板等，擋泥板上面則有防空燈、牽引接環、剪線器等。

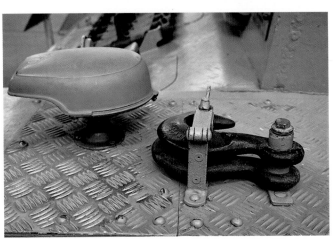

▲左側擋泥板前方的防空燈、牽引接環（非原本零件）等。這時期安裝的是2個S型的牽引接環。

▲從側面觀看戰鬥室前面左側。戰鬥室吊鉤用螺栓固定在前端。戰鬥室和車體是用螺栓相互固定。

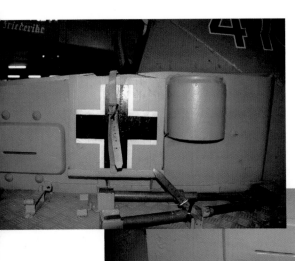

◀千斤頂底座畫有國籍標誌的鐵十字。千斤頂底座本身以皮帶固定在安裝於戰鬥室的支撐架上。

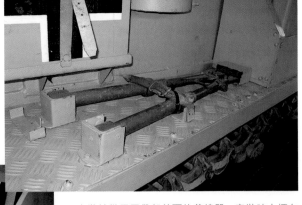

▲安裝於備用履帶架前面的剪線器。安裝時木柄在前、刀刃在後。

◀左側擋泥板上面。觀測窗旁邊有安裝板手所需的支撐架。在修復時重新貼換擋泥板表面的防滑板，但樣式並非原本設計。

▲澳洲裝甲兵和砲兵博物館（AAAM）展示車的左側擋泥板前面。最前面安裝了防空燈，照片前面為S形接環、後面為滅火器。這些都是截至1942年9月左右G型戰車的標準外部裝備。

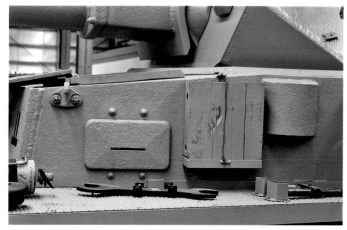

▲戰鬥室左側。木製的千斤頂底座以鐵絲應急固定，但原本是用皮帶固定。擋泥板上還備有扳手。

◀庫賓卡戰車博物館展示車的車體左側。外部裝備幾乎都已拆除，千斤頂底座也只剩下支撐架。

▲G型戰車生產期間開始，在左側中央設置的備用路輪架有了新型規格，就是在上方添加固定路輪所需的橫桿，H型戰車之後也都持續使用。

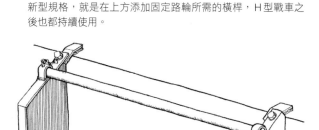

◀澳洲裝甲兵和砲兵博物館（AAAM）展示車的備用路輪架，是修復時重新製作的零件，還原了有固定橫桿的新型規格。搭載的2個備用路輪為原本零件。

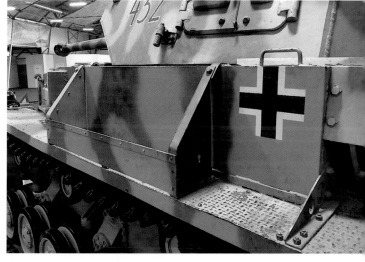

▲從後方觀看庫賓卡戰車博物館展示車的備用路輪架。路輪架和車體或擋泥板之間有保留間隙，並非緊密相連。戰鬥室側面畫有鐵十字的上方，有方便士兵上下車的扶手。

◀澳洲裝甲兵和砲兵博物館（AAAM）展示車的備用路輪架前方。路輪架透過焊接在戰鬥室上面的支撐架固定在車體，並且用固定在支撐架上方的螺栓將路輪架與支撐架結合。

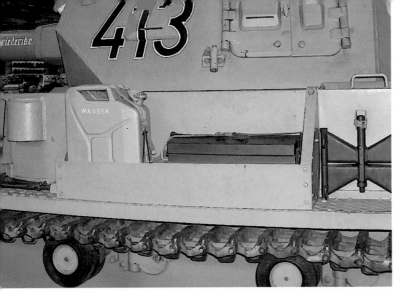

◀德國蒙斯特戰車博物館展示車的左側中央。舊型備用路輪架裝備了便攜油桶和工具箱。

▲從前方觀看備用路輪架。推測應該是修復時重新製作的零件。

◀從側面觀看備用路輪架。便攜油桶寫有「WASSER」（「水」）的字樣，和工具箱都用皮帶牢牢固定。

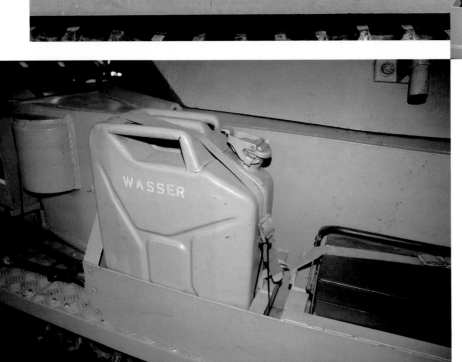

▲備用路輪架的工具箱放大圖。一如手寫字樣「PzIV 413」，推測裡面保管的是這輛車的專用工具。

▲備用路輪架中便攜油桶的放大圖。路輪架內有分隔設計，而無法搭載備用路輪。

▶備用路輪架後方安裝了用途不明的工具。應該不是第二次世界大戰當時IV號戰車的外部裝備，推測是修復時添加的裝備。

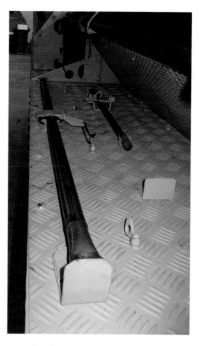

▲德國蒙斯特戰車博物館展示車的引擎室左側安裝了4組砲管清潔桿，擋泥板上安裝了2根鐵撬。

▲從後方觀看外部裝備的2根鐵撬，和其他裝備一樣似乎都不是原本零件。

◀從側面觀看引擎室的左側。進氣口安裝了非原本零件的金屬網。

▶從後方觀看引擎室左側。最下方有刷毛的棒子在前端，以螺絲連結成一根清潔桿後使用。

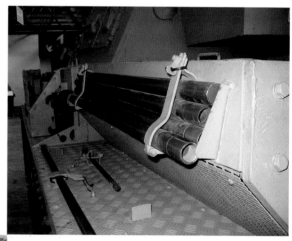

◀澳洲裝甲兵和砲兵博物館（AAAM）展示車的左側後面。各種裝備皆未安裝，但是還原了擋泥板的支撐架和引擎室的進氣口。

◀從前方觀看行車間距燈。背後左邊有電源線。

▲擋泥板後端，靠近可動部位的前面安裝了行車間距燈。推測和前方的防空燈同樣都安裝了原本零件。

▲德國蒙斯特戰車博物館展示車的
右側。外部裝備大多不是原本零
件，但都有安裝。

▼G型中期生產車，配置於1942年為了北非等熱帶地區作戰編制的第66
特殊任務戰車大隊。車體右側設置了外部裝備的便攜油桶架。

▲澳洲裝甲兵和砲兵博物館（AAAM）展示車的右側。缺少許多外部裝備，
但是有裝備的工具都是原本零件。

▲庫賓卡戰車博物館展示車的右側。外部裝備除了千斤頂之外都未安裝，
擋泥板上的支撐架幾乎都已拆除。

▶從德國蒙斯特戰車博物館展示車前方觀看車體右側。千斤頂、鏟子、天線等都有安裝。

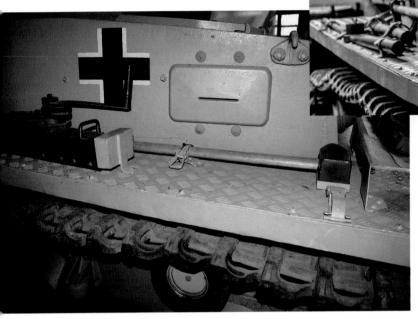

▲車體右側。戰鬥室側面的右側擋泥板上備有鐵鏈和千斤頂。

▲擋泥板前方備有小把斧頭。後方擋泥板支撐架為了方便讓外部裝備從下方通過，在下方開出切口。

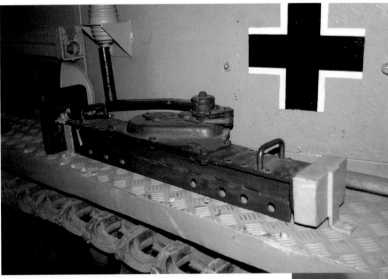

◀德國蒙斯特戰車博物館展示車的千斤頂裝備。從前後相反的橫向設置方向可知，這並非原本的千斤頂。

▲澳洲裝甲兵和砲兵博物館（AAAM）展示車右側擋泥板上的千斤頂，表面為彎曲形狀。雖然是原本零件，但是擋泥板上的支撐架應該是暫時的裝備。

▲庫賓卡戰車博物館展示車的千斤頂，呈現齒條伸出的樣子。細節不同於澳洲裝甲兵和砲兵博物館（AAAM）展示車，但是推測包括擋泥板的支撐架在內都是原本零件。

▲庫賓卡戰車博物館展示車的車體右側中央。天線收在天線收納架內，並未安裝鏟子，但保有前方半圓形的收納架和後方的固定角鐵。擋泥板上留下安裝備用履帶架的開孔。

▲澳洲裝甲兵和砲兵博物館（AAAM）展示車的車體右側中央。戰鬥室側面安裝了天線收納架和鏟子，天線桿呈收起狀態。

▲德國蒙斯特戰車博物館展示車的車體右側中央。還保留天線收納架，但是可立式天線已改為固定式。擋泥板上原本應該裝有備用履帶架，但卻擺放了其他工具。

▲引擎室右側擋泥板上裝有大型的金屬瓶和鐵撬。金屬瓶身的「Tetra-Löscher」字樣是指「Tetra滅火器」。

▲Tetra滅火器的放大圖。可看到在照片前面的滅火器握把，還有靠近內側引擎室排氣口的滅火器紅色軟管。

◀第二次世界大戰中的Ⅳ號戰車並沒有安裝這款Tetra滅火器，所以應該是戰後修復時添加的設備。前面的短鐵撬也是修復時添加的設備。

▲德國蒙斯特戰車博物館展示車的車體後面。幾乎維持原本狀態，但是橫條狀的消音器形狀雖然相同，排氣口的位置卻不同，為重新製作的零件。

▲澳洲裝甲兵和砲兵博物館（AAAM）展示車的車體後面。上方左右兩端安裝了纜繩鉤，主要消音器為兩端呈圓弧狀的複製零件。

▲庫賓卡戰車博物館展示車的車體後面。上方左側有用於煙霧彈發射器支架的支撐架，這是在 F 型戰車時已廢除的裝置。中央左側的輔助消音器已遺失，但仍保留排氣口。

▶G 型中期生產車的車體後面。1941年 6 月起，安裝了用於油彈拖車的板狀牽引鉤。為了方便在寒冷地區發動，1942年 9 月左右開始，在下方中央設置了冷卻水加熱器的圓形艙蓋。

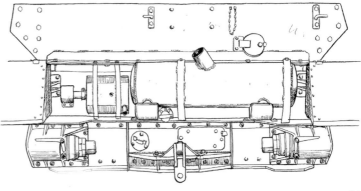

▲德國蒙斯特戰車博物館展示車的車體後面左側。相比第91頁的照片，擋泥板後端的可動部位為修復後的樣子。另外請注意，行車間距燈（請參考第87頁）顯示紅燈。

▲從右側觀看車體後面。主要消音器呈現紅色生鏽的樣子，下方周圍有黑色煤煙汙漬。牽引纜繩捲繞在上方的纜繩鉤。

▲纜繩鉤的周圍。這張照片中，牽引纜繩捲繞成8字形。

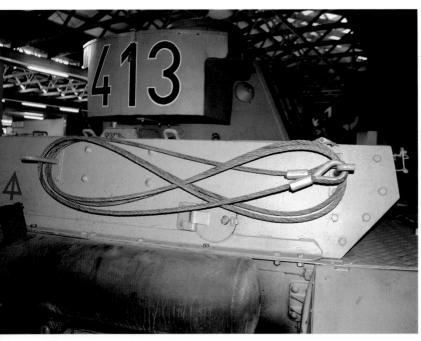

▲車體後面右側。擋泥板後端的外側安裝了掀起時固定所需的彈簧。

▲車體後面左側有發電用引擎的輔助消音器，不確定是否為原本零件。

▲澳洲裝甲兵和砲兵博物館（AAAM）展示車的輔助消音器。如同主要消音器，安裝的是複製零件。

◀德國蒙斯特戰車博物館展示車的車體
後面下方。主要消音器的排氣口安裝了
可動式掀蓋。

▼庫賓卡戰車博物館展示車的車體後面
中央。主要消音器近似原本的形狀，但
是因為這是很容易損壞的零件，所以應
該是經過修補或重新製作的零件。

▲澳洲裝甲兵和砲兵博物館（AAAM）展示車的車體後面下方
左側。中央左側可清楚看到，並未安裝1942年9月之後導入
在寒冷地區發動用的冷卻水加熱器開口。

▲德國蒙斯特戰車博物館展示車的車體後面下方。牽引座上方有用螺
栓固定一塊加強板。

▲後面左側的誘導輪底座。內側前端裝有如帶刺的帽蓋零件。

▶後面右側的誘導輪底座
周圍。車體底部是以鉚釘
固定。牽引座掛著水桶。

▲從右側觀看德國蒙斯特戰車博物館展示車的引擎室上面。安裝了1942年7月起已是標準裝備的通風格柵艙門。

▲引擎室右側的艙門放大圖。G型戰車上通風格柵的形狀，不同於直到F型戰車的Trop.規格形狀。

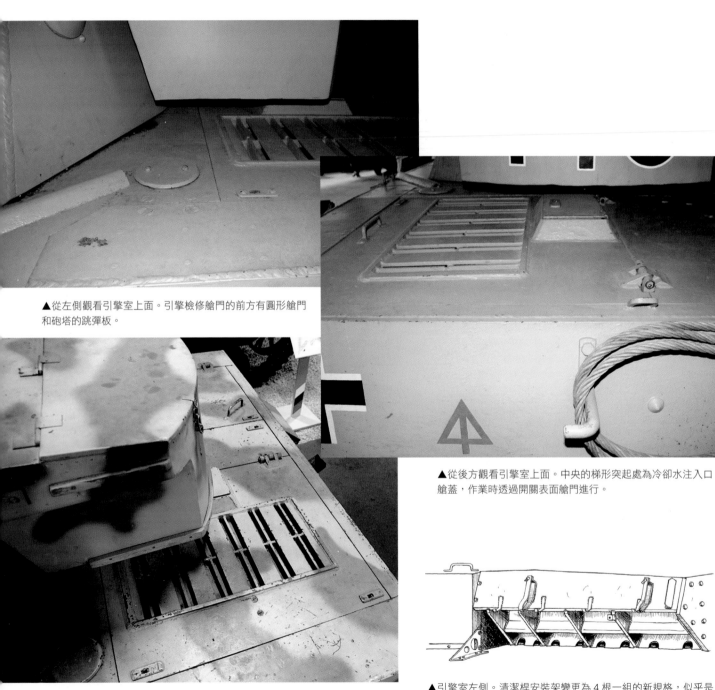

▲從左側觀看引擎室上面。引擎檢修艙門的前方有圓形艙門和砲塔的跳彈板。

▲從後方觀看引擎室上面。中央的梯形突起處為冷卻水注入口艙蓋，作業時透過開關表面艙門進行。

▲從左上方觀看庫賓卡戰車博物館展示車的引擎室上面。通風格柵的邊緣是將4條帶板焊接成長方形的簡單構造。

▲引擎室左側。清潔桿安裝架變更為4根一組的新規格，似乎是在同一時期（1942年5～6月左右），廢除左側擋泥板中央折疊架用於備用路輪架的設置。

▶庫賓卡戰車博物館展示車的右側底盤。履帶、路輪、上方路輪塗裝成黑色，所以不容易從照片看出細節。

▼德國蒙斯特戰車博物館展示車的左側底盤。為了維持可運行狀態，履帶和路輪等都維持得很完整。

▲從右側底盤中央觀看後方。或許有段時間沒有運行，誘導輪、路輪、履帶踏面和中央導齒之間都已生鏽。

▲右側底盤第5～8個路輪部分。各部位的灰塵和輪軸注油處的漏油都是真實狀態。

▶從右側底盤中央觀看前方。路輪和上方路輪的橡膠輪緣很容易腐蝕，所以應該是修復時重新製作的零件。

▲德國蒙斯特戰車博物館展示車的左側驅動輪。本體和輪輻為鑄造製品，外側的齒輪有19片，固定螺栓有13個。

▲庫賓卡戰車博物館展示車的右側驅動輪。可看出配合加寬履帶，輪輻往外展開。

◀德國蒙斯特戰車博物館展示車左側的第8個路輪。輪轂蓋為E型戰車開始採用的鑄造規格。中央內凹的螺栓為注油口，和現在的戰車同樣都塗成紅色。

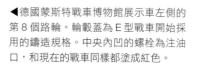

▲左側第7、8個路輪。轉向架底座的前後設有減震器。

▲左側第5～7個路輪。上方路輪的後方有燃料注入口。

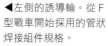

▲從側面觀看左側的誘導輪。構造簡單，卻持續安裝至最終型的J型戰車。

◀左側的誘導輪。從F型戰車開始採用的管狀焊接組件規格。

▲德國蒙斯特戰車博物館展示車的上方路輪。中心的注油口螺栓，一如路輪和誘導輪都塗成紅色。

▲上方路輪的放大圖。橡膠輪緣刻有製造廠商的名稱「VORWERK」。

▲轉向架部分的放大圖。轉向架本體為鑄造品，用許多螺栓固定在車體。減震器控制懸吊臂往上的活動。

▲靠近左側驅動輪後側、第1、2個路輪的轉向架。最前面和最後面的減震器為沿用A型戰車即有的設置。

▲從前方觀看車體底部左側。可看到內有板片彈簧懸吊系統的懸吊臂、轉向架底座外殼等。

▲左側誘導輪附近的履帶。履帶插銷從車體插入，穿過開口插銷至前端固定。

▲履帶為F型戰車起就安裝的Kgs 61/400/120，全寬為40cm。相比直到E型戰車使用的Kgs 6111/380/120，地面接觸面附有防滑的垂直溝槽。單側裝有99片。

第 11 章

IV 號戰車 G 型 後期生產車

Pz.Kpfw.IV Ausf.G (Sd.Kfz.161/2) Late Production

1943年1月起IV號戰車G型升格為德國陸軍的主力戰車,主砲再次替換成長砲管的7.5cm Kw.K.40 L／48,車長指揮塔改裝成新型規格、在砲塔和車體添加裝甲側裙等,企圖提升戰車生產率和性能。

解說／竹內規矩夫
圖面／遠藤慧
Description : Kikuo Takeuchi
Photos : Przemyslaw Skulski, Yuri Pasholok, Vitaliy V. Kuzmin, Bundesarchive, NARA
Drawings : Kei Endo

【 IV 號戰車 G 型 後期生產車 性能規格 】

車長:7.015m
車寬:2.880m
車高:2.680m
最小離地高度:0.400m
重量:25 噸
士兵:5 名(車長、砲手、裝填手、無線電通訊員、駕駛員)
武裝:7.5cm Kw.K. 40 L／48
　　　彈藥 87 發
　　　7.92mm MG 34 機槍 2 挺(同軸、球形底座)
引擎:邁巴赫 HL 120 TRM
　　　V 型 12 汽缸水冷汽油引擎
最大輸出功率:265 馬力
變速器:ZF S.S.G. 76
　　　　6 個前進檔、1 個倒退檔
最大速度:38km/h(公路)
平均速度:公路 25km/h、越野 20km/h
燃料儲存容量:470L
續航力:公路 210km、越野 130km
車體裝甲厚度:8～50+30mm
戰鬥室裝甲厚度:8～50+30mm
砲塔裝甲厚度:8～50mm

▲在俄羅斯莫斯科近郊的阿爾漢格爾斯科耶區,有座扎多羅日尼技術博物館展示的 G 型戰車。這輛複製品是從俄羅斯各地收集零件,組合出 G 型戰車的外觀,混合了各種車型的特色。

G型戰車後期生產車的特色

　　G型戰車從1942年3月開始生產,直到1943年6月總共生產了1927輛。由接續F型戰車製造的古魯柏格魯森工廠、沃瑪格、尼伯龍根工廠3家公司負責製造,相對於F型戰車由古魯柏格魯森工廠負責總生產

數量的84%,G型戰車各家生產比例分別為古魯柏格魯森工廠47%、沃瑪格23%、尼伯龍根工廠30%。1943年1月起,IV號戰車G型戰車取代了III號戰車M型,成了德國陸軍實際的主力戰車,配合性能的提升,也進行提升生產率的改良。

　　至今車長指揮塔都是2片式門片左右打開

的艙門規格,1943年2月導入了一片式圓形門片的新型車長指揮塔。另外為了提升防護力,廢除了戰鬥室左側的K. F. F. 2駕駛員雙眼潛望鏡,以及裝甲板2處開口的觀測口,並且順勢廢除安裝在其上的附加裝甲板缺口設計。另外,雖然在砲塔兩側前面上方開始安裝各3管煙霧彈發射器,但是因為戰

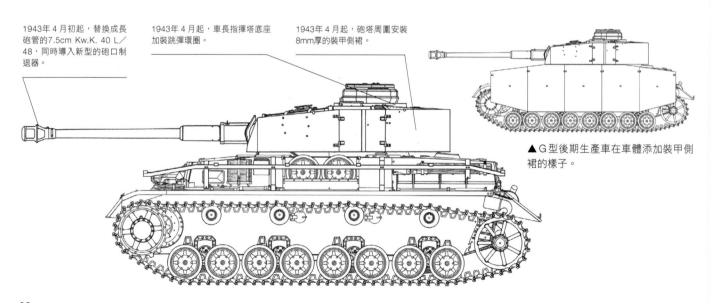

1943年4月初起,替換成長砲管的7.5cm Kw.K. 40 L／48,同時導入新型的砲口制退器。

1943年4月起,車長指揮塔底座加裝跳彈環圈。

1943年4月起,砲塔周圍安裝8mm厚的裝甲側裙。

▲G型後期生產車在車體添加裝甲側裙的樣子。

爭時會因小口徑砲彈等而發生破損或擦槍走火，因此在5月時停止安裝。3月時廢除過去車長指揮塔左側的通訊艙門。自3月到4月左右開始，在戰鬥室前面加裝附加裝甲板的固定方法，從焊接固定漸漸轉為用有凹槽的螺帽固定。不過直到6月G型戰車生產結束依舊有焊接固定的車輛。

1943年4月初起，3家廠商全部開始將主砲從7.5cm Kw.K.40 L／43，切換成長砲管的7.5cm Kw.K.40 L／48。同時將多室砲口制退器，從圓形前端改成橫向加寬的規格。

同樣在1943年4月起，開始在砲塔周圍和車體兩側安裝「裝甲側裙」。這是為了提升防護力以面對蘇聯軍使用的14.5mm反戰車步槍，利用角鐵在砲塔安裝了8mm

厚，在車體安裝5mm厚的薄鋼板。5月時在車長指揮塔底座加裝跳彈環圈，車體右側擋泥板上裝備了連接引擎汽化器的大型空氣濾淨器。同時期開始由沃瑪格生產的H型戰車，也沿用了這些車輛規格。

本書將這些1943年2月左右到1943年6月左右生產的約900輛G型戰車，稱為「G型後期生產車」並加以解說。

▲1943年夏天在義大利薩萊諾被擊敗的第26戰車隊G型後期生產車。可從砲塔看到有裝甲側裙和煙霧彈發射器支架，左右兩側的擋泥板都裝有砲彈型前大燈。

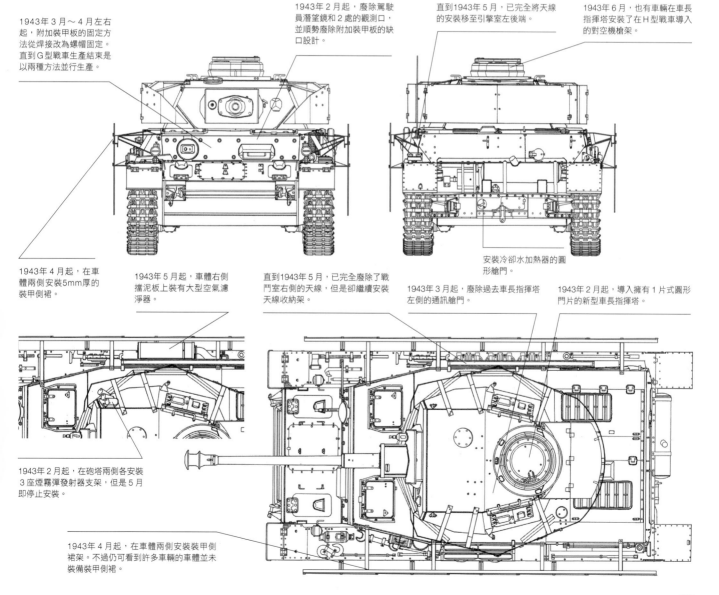

1943年3月～4月左右起，附加裝甲板的固定方法從焊接改為螺帽固定。直到G型戰車生產結束是以兩種方法並行生產。

1943年2月起，廢除駕駛員潛望鏡和2處的觀測口，並順勢廢除附加裝甲板的缺口設計。

直到1943年5月，已完全將天線的安裝移至引擎室左後端。

1943年6月，也有車輛在車長指揮塔安裝了在H型戰車導入的對空機槍架。

1943年4月起，在車體兩側安裝5mm厚的裝甲側裙。

1943年5月起，車體右側擋泥板上裝有大型空氣濾淨器。

直到1943年5月，已完全廢除了戰鬥室右側的天線，但是卻繼續安裝天線收納架。

安裝冷卻水加熱器的圓形艙門。

1943年3月起，廢除過去車長指揮塔左側的通訊艙門。

1943年2月起，導入擁有1片式圓形門片的新型車長指揮塔。

1943年2月起，在砲塔兩側各安裝3座煙霧彈發射器支架，但是5月即停止安裝。

1943年4月起，在車體兩側安裝裝甲側裙架。不過仍可看到許多車輛的車體並未裝備裝甲側裙。

◀從後方觀看阿爾漢格爾斯科耶區的展示車。車輛展示於戶外，還可看到後面有日本陸軍的九五式輕型戰車。

▼從左前方觀看的樣子。車體很多部分都是修復時經過重新製造，嚴格來說並不貼近G型後期生產車。

▼右後方的樣子。履帶等底盤使用原本零件，但是安裝的驅動輪是H型戰車之後的規格。

▲左後方的樣子。砲塔後方的儲物箱等，幾乎都沒有安裝外部裝備，備用路輪架的尺寸也不合。

◀1943年11月裝甲擲彈兵師「大德意志」訓練使用的G型後期生產車「633」號車,戰鬥室前面並未安裝附加裝甲,因此可看到駕駛員的潛望鏡觀測口。

▼1943年10月27日,在義大利盧切拉遭到擄獲的G型後期生產車,砲塔朝向後方。英國陸軍用於反戰車兵器的測試,車體後面和砲塔等都遭受嚴重損壞。砲塔兩側有安裝煙霧彈發射器。

▲1943年11月,G型後期生產車「331」號車由Sd.Ah.116戰車搬運拖車搭載進入義大利山區地帶。牽引車為Sd.Kfz.9 18噸重的半履帶車,各處都有損壞痕跡,底盤還拆除了履帶和驅動輪。

◀1943年11月,G型後期生產車「331」號車隨著搬運拖車停在義大利山道,外部裝備幾乎都已拆除。砲塔雖然安裝了裝甲側裙,但車體上面無線電通訊員/機槍手艙門的通訊艙門卻是舊型規格。

▶1944年春天到夏天左右,火車在東部戰線運送的G型後期生產車。車體前面和戰鬥室前面安裝了附加裝甲,砲塔安裝了裝甲側裙以及煙霧彈發射器。戰鬥室前面的附加裝甲,為廢除駕駛員潛望鏡觀測口切口的規格。

◀1944年7月，在諾曼第登陸中遭到擊敗的G型後期生產車。裝備了長砲管的7.5cm Kw.K.40 L／48。車體左側的裝甲側裙脫落到只剩下2片。驅動輪為直到G型戰車的規格，但是也可能是沃瑪格公司製的H型戰車初期生產車。

▲阿爾漢格爾斯科耶區展示車的砲管。當初復原成單室砲口制退器的G型初期生產車，但是之後更換成多室規格。

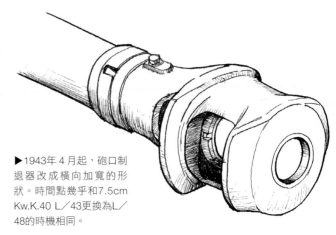

▶1943年4月起，砲口制退器改成橫向加寬的形狀。時間點幾乎和7.5cm Kw.K.40 L／43更換為L／48的時機相同。

▲1943年2月起開始安裝的新型車長指揮塔。艙門為1片圓形門片，裝甲厚度增加為100mm厚。箭頭部分的形狀和舊型（請參考第58頁的插圖）有很大的差異。

▼阿爾漢格爾斯科耶區展示車的砲塔後面，車長指揮塔和後面裝甲板推測應該使用的是原本零件。下方2個開孔是用來安裝儲物箱的固定角鐵。

◀從右前方觀看阿爾漢格爾斯科耶區展示車的砲塔。砲盾和砲管等在內幾乎都是複製品。車體上面的艙門為有安裝通訊艙門的規格。

▼砲塔左側。裝甲板和艙門推測應該都是原本零件。側面的艙門前後相反，安裝成原本在右側的艙門。

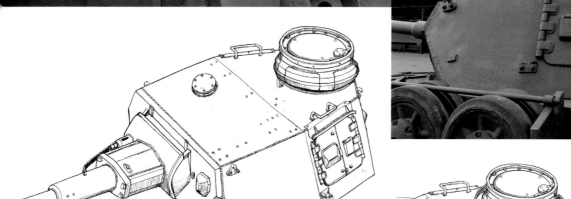

▲砲塔上面自1943年2月起，導入1片式圓形艙門的新型車長指揮塔。3月時廢除上面左側的通訊艙門。

◀1943年2月起，在砲塔兩側各安裝3管煙霧彈發射器，但是因為戰爭時容易因小口徑砲彈等而發生破損或擦槍走火，因此在5月時停止安裝。

▲砲塔右側。觀看裝甲板的焊接接縫，可推測大多是復原時的複製品。側面艙門安裝成原本在左側的艙門。

▶拍攝於戰後1949年，在坦能堡（現為波蘭的斯特巴克）遭到擊敗的G型後期生產車。可看出砲塔後方上面有增厚，所以也有可能是H型初期生產車。戰鬥室前面的附加裝甲板有駕駛員潛望鏡觀測口的缺口，但是觀測口都已經封閉。

◀1943年9月18〜19日，英軍在義大利戰線擊敗的G型後期生產車。戰鬥室前面的附加裝甲板為螺帽固定的規格，砲塔和車體都有安裝裝甲側裙。天線已經移至車體左後方，指揮塔為1片式門片的新型規格。

▲戰鬥室左側前面，裝甲板使用H型戰車之後的80mm厚零件，千斤頂底座包括安裝的支撐架都不是原本零件。

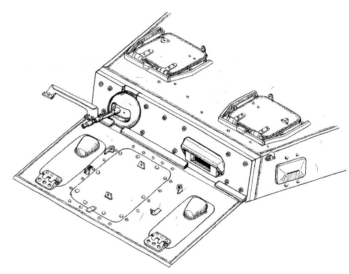

▲車體前面。1943年3〜4月左右起，在戰鬥室前面導入以螺帽固定30mm厚附加裝甲板的規格。因為在2月廢除了駕駛員潛望鏡觀測口，所以附加裝甲板也不再有缺口設計。

▲在修復時重新製作左側的備用路輪架，備用路輪為原本零件，只有後方的輪轂蓋為新製品。

▲車體後面。推測底盤之外的部分都是重新製作。

◀保加利亞陸軍駕駛中的G型後期生產車。左右兩邊的擋泥板後端都已拆除，車體並未安裝裝甲側裙，但是砲塔前方裝有煙霧彈發射器。德軍是在1943年2月起供應保加利亞14輛G型戰車。

▲戰鬥室側面只有鐵十字標幟並未重新塗裝，保留在原本零件的表面。

▲車體右前方，擋泥板上的千斤頂為原本的裝備。

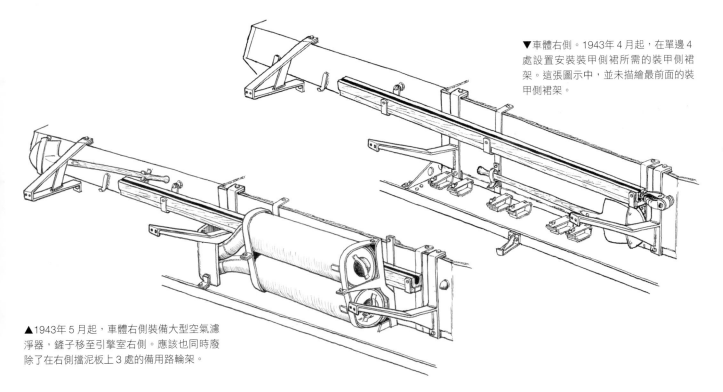

▼車體右側。1943年4月起，在單邊4處設置安裝裝甲側裙所需的裝甲側裙架。這張圖示中，並未描繪最前面的裝甲側裙架。

▲1943年5月起，車體右側裝備大型空氣濾淨器，鏈子移至引擎室右側。應該也同時廢除了在右側擋泥板上3處的備用路輪架。

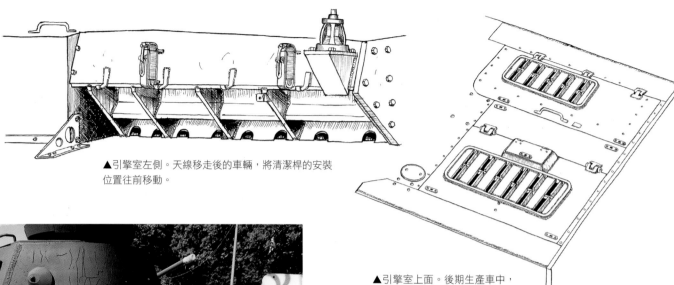

▲引擎室左側。天線移走後的車輛,將清潔桿的安裝
位置往前移動。

▲引擎室上面。後期生產車中,
通風格柵邊框的的四個角改成圓
弧狀。

▲阿爾漢格爾斯科耶科區展示車的引擎室上面。這輛戰車安裝的是 J 型
戰車的檢修面板,但是從 G 型後期生產車起,通風格柵邊框的四個角
改成圓弧狀。

▲阿爾漢格爾斯科耶科區展示車的車體後面,面板和消音器等都是
新製品,和 G 型後期生產車有不少細節差異。

▼裝有油彈拖車牽引鉤的樣子。圖中顯示發動引擎用的搖桿插入口艙
蓋,在左右設置了曲軸,以便使用1943年5月左右開始導入的慣性啟
動裝置,而將插入口設置在中央。

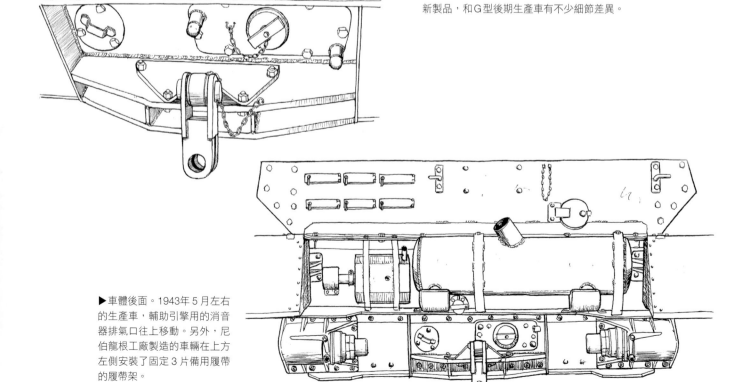

▶車體後面。1943年5月左右
的生產車,輔助引擎用的消音
器排氣口往上移動。另外,尼
伯龍根工廠製造的車輛在上方
左側安裝了固定3片備用履帶
的履帶架。

◀阿爾漢格爾斯科耶區展示車的車體右側。包括履帶在內，底盤的裝備齊全，但是只有驅動輪安裝了H型戰車以後的規格。

▲車體右側的誘導輪周圍。第7個路輪內側的減震器為新製的零件，第8個路輪內側安裝的則是原本零件。

▲車體右側第1～4個路輪幾乎集齊了原本零件，用鐵線固定上下履帶。

◀從車體右後方觀看履帶。履帶狀態極佳，或許混合使用了修復時製造的零件。

▲右側懸吊系統的轉向架底座，安裝的可能是原本零件。

▲上方路輪。由圖示可知，製造商為「VORWERK」，尺寸為「65×134/250」（寬×輪徑／直徑。單位為mm）。橡膠輪緣也可能是修復時重新製造的零件。

第12章

IV號戰車 G型 托馬液壓驅動實驗車

Pz.Kpfw.IV Ausf.G (Sd.Kfz.161/2) with Thoma Experimental Hydraulic Drive

有許多試作車的製造基礎都是IV號戰車，例如沿用G型戰車車體的「托馬液壓驅動實驗車」也是其中之一。這輛車企圖不使用當時的關鍵技術齒輪箱，然而只製造了一輛試作車即宣告結束。

解說／竹內規矩夫
Description : Kikuo Takeuchi
Photos : Przemyslaw Skulski, Dmitriy Kiyatkin, Nikos Livados, Stratus Publishing

G型托馬液壓驅動實驗車

第二次世界大戰時期世界各國在戰車研發時，因為大型戰車砲和厚裝甲使車體變得又大又重，若想要以大馬力引擎驅動這些重量，就要有裝置將這股動力傳送至履帶，也就是齒輪箱（變速裝置）和轉向裝置成了最大的關鍵因素。當時的齒輪箱設計無法承受500～600馬力高輸出的引擎扭力，也無法確保實際操作，更無法大量生產，即便裝備了德軍虎式重型戰車或豹式戰車般絕佳的齒輪箱裝備，也經常困於故障或使用壽命短的問題。因此德軍想嘗試不使用齒輪箱的驅動方式，改用保時捷豹式般的電動馬達驅動，這輛「托馬液壓驅動實驗車」就是嘗試的選項之一。

1944年負責設計製造III號戰車和IV號戰車等齒輪箱的德國采埃孚公司，提出了名為「托馬驅動」的驅動裝置而且不使用齒輪箱的方案，以IV號戰車G型重建的車輛為基礎製造出測試車輛。這個方法是將邁巴赫HL 120 TRM引擎直接連接在2座油壓幫浦，

▲美國陸軍軍械博物館（又名「阿伯丁戰車博物館」）在戶外展示的G型托馬液壓驅動實驗車。2008年後交由阿拉巴馬州安尼斯敦的美國陸軍軍事歷史中心保管，並且未對一般大眾開放。

藉由油中相對的板片傳達動力，再透過最終減速器促使後方的驅動輪運作，通過油量調整扭力，利用油壓操控轉向和剎車，並且以油流動的方向切換前進或後退。各個油壓幫浦分別以專用引擎驅動，同時砲塔的旋轉也

從電動改為油壓驅動。轉向操控就如同摩托車把手以方向盤操作。

大家並不清楚德軍的測試結果，不過據說戰後由美軍接收進行測試，並且嘗試將相同系統運用在美國的戰車。

◀G型托馬液壓驅動實驗車的開發基礎，是部隊繳回後在工廠重建的G型戰車。從前方觀看，和一般G型戰車的差異之處並不明顯。

▲主砲砲盾上面。緩衝器裝甲護板側面的上下邊緣都有經過倒角加工，這是初期生產車常見的裝備規格。

▲從砲塔上面觀看前面砲手觀測口的裝甲護板。可看到其下方的駕駛員艙門為廢除通訊艙門的規格。

▼砲塔前面。這輛戰車裝有裝甲側裙，從各部位的特色推測，應該是1943年9月左右到1944年1月左右製造的G型中期生產車。

▼車體前方右側。包括IV號戰車在內，大多數的德國戰車依照齒輪箱設置在前面的規則，不得不將驅動輪配置在前面，但這輛戰車卻可配置在後方。

◀砲塔右側，裝甲側裙原本有 2 片遮覆側面艙門的可動式面板，但這輛車已經遺失。

▲從砲塔左側上面觀看砲塔後方的裝甲側裙。儲物箱下可看到圓形金屬網，推測是引擎室周圍的散熱格柵。

▲砲塔右側的裝甲側裙。裝甲側裙架內側焊接了加強板，但是設計成不會影響到側面艙門的形狀。

◀從前上方觀看砲塔左側的裝甲側裙，已經廢除砲塔側面的觀測窗。裝甲側裙架用螺栓固定於焊接在砲塔的支撐架。

▲砲塔左側的裝甲側裙保留了前方側邊面板打開的狀態，可動式面板以裝甲側裙上方簡單的擋塊固定。

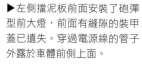

◀1943年3月之後廢除了砲塔上面左側的通訊艙門，之後可在車長指揮塔看到的跳彈環圈，是1943年5月安裝在指揮塔前後的裝甲側裙。

▶左側擋泥板前面安裝了砲彈型前大燈，前面有縫隙的裝甲蓋已遺失。穿過電源線的管子外露於車體前側上面。

▲從稍微偏後方的位置觀看車體左側。戰鬥室後方的引擎室經過改造，已看不出原本IV號戰車的外觀，後方的驅動輪直徑為550mm。

▲車體左側的通風口，為了抵抗子彈碎片，覆蓋上傘狀裝甲板。

▼從側面觀看車體右側。前方的誘導輪直徑為780mm，車體側面添加了履帶鬆緊調整裝置。履帶、路輪等其他底盤的規格幾乎和G型戰車相同。

▲從左後方觀看車體後面。引擎室後方往後急遽下降，形成上下2片式的大型檢修艙門。

▲車體後端左右兩側焊接了牽引鉤，中央焊接了牽引座。上方左邊應該是天線座的安裝支撐架。

▲左後方的驅動輪，齒輪數為13個。最終減速箱應是這輛車原本的裝置。不確定後方的擋泥板是原本就未安裝，還是已經損壞。

德國中型坦克
PANZERKAMPFWAGEN
IV AUSF.D-G

〔Photo／Yuri Pasholok〕

Ⅳ號戰車D～G型寫真集

作　　者　Hobby Japan
翻　　譯　黃姿頤
發　　行　陳偉祥
出　　版　北星圖書事業股份有限公司
地　　址　234新北市永和區中正路462號B1
電　　話　886-2-29229000
傳　　真　886-2-29229041
網　　址　www.nsbooks.com.tw
E－MAIL　nsbook@nsbooks.com.tw
劃撥帳戶　北星文化事業有限公司
劃撥帳號　50042987
製版印刷　皇甫彩藝印刷股份有限公司
出 版 日　2024年05月

【印刷版】
I S B N　978-626-7062-63-0
定　　價　新台幣450元

【電子書】
I S B N　978-626-7409-37-4（EPUB）

Ⅳ号戦車D～G型写真集
©HOBBY JAPAN
Print in Taiwan

〔解說　Research & description〕

Przemyslaw Skulski
竹內規矩夫

〔圖面　Drawing〕

遠藤慧
竹內規矩夫

〔照片提供　Photos〕

Przemyslaw Skulski
Massimo Foti
Dmitriy Kiyatkin
Vitaliy V. Kuzmin
Nikos Livados
Mike1979Russia
Nils Mosberg
Graeme Moulineux
George Papadimitriou
Yuri Pasholok
Mark Pellegrini
Konstantin Popov
Marek Praszczyk
Jacek Szafranski
Tomasz Szulc
tormentor4555
Raymond Douglas Veydt
Alan Wilson
Stratus Publishing
HMSO - Her Majesty's Stationery Office
RGAKFD - Russian State Archives of Movie and Photo Documentation
Bundesarchive
PD-USGov-FSA
NARA - U.S. National Archives and Records Administration

〔編輯　Editor〕

望月隆一
石井榮次

〔設計　Design〕

株式會社 REPUBLIC.リパブリック
今西 SUGURU

國家圖書館出版品預行編目(CIP)資料

Ⅳ號戰車D～G型寫真集 德國中型坦克
PANZERKAMPFWAGEN IV AUSF.D-G／Hobby Japan作；
黃姿頤翻譯. -- 新北市：
北星圖書事業股份有限公司，2024.05
112面； 21.0×29.7公分
ISBN 978-626-7062-63-0（平裝）

1. CST：戰車　2. CST：照片集　3. CST：德國

595.971　　　　　　　　　　　　112001895

官方網站　　　臉書粉絲專頁　　　LINE 官方帳號　　　蝦皮商城